Aufgabensammlung

Mathematik
für
Ingenieure, Wirtschaftsingenieure
und Wirtschaftsinformatiker

Silke Beckmann

Bibliografische Information der Deutschen Nationalbibliothek:
Die Deutsche Nationalbibliothek verzeichnet diese Publikation in der
Deutschen Nationalbibliografie; detaillierte bibliografische Daten sind im
Internet über http://dnb.dnb.de abrufbar.

Herstellung und Verlag: BoD – Books on Demand, Norderstedt

ISBN: 978-3-7519-4441-0

Vorwort

Die vorliegende Aufgabensammlung ist während einer langjährigen mathematischen Lehrtätigkeit im Rahmen verschiedener Bachelor-Studiengänge an Fachhochschulen entstanden. Grundlage waren Mathematikveranstaltungen für Maschinenbauer, für Elektrotechniker, für Wirtschaftsingenieure unterschiedlicher Ausrichtung und für Wirtschaftsinformatiker.

Seitens der Studierenden wurde immer wieder der Wunsch nach zusätzlichen Übungsaufgaben geäußert – einerseits nach Aufgaben, die den Zugang zu den grundlegenden mathematischen Themengebieten erleichtern, und andererseits nach Aufgaben, die zur Klausurvorbereitung genutzt werden können. Aus dieser Motivation heraus ist im Laufe der Zeit diese Aufgabensammlung entstanden. Sie enthält mehr als 1100 Übungsaufgaben zu allen Standard-Themen der Ingenieurmathematik.

Da der Fokus auf den erforderlichen mathematischen Grundlagen und auf dem Erwerb der grundlegenden Fertigkeiten liegt, ist sie für alle eine sinnvolle Unterstützung, die auf der Suche nach nicht „zu" schwierigen Beispielen und Übungsaufgaben sind. Sicherlich werden nicht nur Studierende unterschiedlicher Fachrichtungen sondern auch Lehrende der Mathematik für sie passendes Aufgabenmaterial darin finden.

Im Lösungsteil befinden sich die Lösungen aller Aufgaben. Wenn umfangreichere Rechenwege erforderlich sind, werden auch die wesentlichen Zwischenschritte der Lösungsvorschläge genannt.

Viel Freude und Erfolg mit den Übungsaufgaben!

S. Beckmann

Inhalt

Aufgaben

1. Komplexe Zahlen

Normalform

Aufgabe 1.1
Wo liegen die Zahlen in der Gaußschen Zahlenebene?

a)
$$z_1 = -2$$

b)
$$z_2 = 3j$$

c)
$$z_3 = 3 + 2j$$

d)
$$z_4 = 2 - 4j$$

e)
$$z_5 = -3 - 2j$$

f)
$$z_6 = -1 + 3j$$

Aufgabe 1.2
Wie lautet die konjugiert komplexe Zahl?

a)
$$z_1 = 1 - j$$

b)
$$z_2 = -\frac{3}{4} + j$$

c)
$$z_3 = 1{,}5 - 2j$$

d)
$$z_4 = \sqrt{3} - \sqrt{6}\, j$$

e)
$$z_5 = -3j$$

f)
$$z_6 = 3$$

Aufgabe 1.3
Es sind die folgenden Summen und Differenzen zu berechnen.

a)
$$(3 + 2j) + (2 - 3j)$$

b)
$$(-2 + 3j) + (-1 - 5j)$$

c)
$$\left(\frac{1}{4} + \frac{1}{4}j\right) + \left(\frac{1}{2} - \frac{1}{2}j\right)$$

d)
$$(2 + j) - (3 - 3j)$$

e)
$$(1 - 3j) - (-2 - 4j)$$

f)
$$(-0{,}5 + 0{,}2j) - (-1{,}5 - 1{,}8j)$$

Aufgabe 1.4

Wie lautet die Normalform von z ?

a)

$$z = (2 + 3j) \cdot (3 - 2j)$$

b)

$$z = (1 + j)^3$$

c)

$$z = \frac{2j}{1 + j}$$

d)

$$z = \frac{4 - 3j}{4 + 3j}$$

Aufgabe 1.5

Gesucht ist die Normalform von z für $z_1 = 1 + j$, $z_2 = -2j$ und $z_3 = -1 - 3j$.

$$z = \frac{\overline{z_1} - z_2}{\overline{z_2} \cdot z_3}$$

Aufgabe 1.6

Gesucht ist die Normalform von z für $z_1 = -4j$, $z_2 = 3 - 2j$ und $z_3 = -1 + j$.

$$z = \frac{z_1 + \overline{z_3}}{\overline{z_2} \cdot z_3}$$

Aufgabe 1.7

Gegeben sind die komplexen Zahlen $z_1 = 2 + j$, $z_2 = 1 - j$ und $z_3 = 2j$.

a) Wie lautet die Normalform von

$$z = \frac{z_1 \cdot \overline{z_1}}{\overline{z_2} + z_3} \; ?$$

b) Welchen Betrag hat

$$z = \frac{z_1^2}{z_2} \; ?$$

Aufgabe 1.8

Gesucht sind alle (komplexen) Lösungen der folgenden quadratischen Gleichungen.

a)
$$x^2 + 25 = 0$$

b)
$$x^2 + 4x + 13 = 0$$

c)
$$x^2 + 2x + 5 = 0$$

d)
$$x^2 - 2x + 3 = -2$$

e)
$$x^2 - 2x + 11 = -6$$

f)
$$x^2 - 2x + 3 = -7$$

Trigonometrische Form und Exponentialform

Aufgabe 1.9

Wo liegen die folgenden komplexen Zahlen in der Gaußschen Zahlenebene?

a)
$$z_1 = 2(\cos 135° + j \sin 135°)$$

b)
$$z_2 = \cos 90° + j \sin 90°$$

c)
$$z_3 = 3(\cos 300° + j \sin 300°)$$

d)
$$z_4 = 4(\cos 45° + j \sin 45°)$$

e)
$$z_5 = 2(\cos 225° + j \sin 225°)$$

f)
$$z_6 = \cos 270° + j \sin 270°$$

Aufgabe 1.10

Wo liegen die folgenden komplexen Zahlen in der Gaußschen Zahlenebene?

a)
$$z_1 = 2e^{\pi j}$$

b)
$$z_2 = 3e^{\frac{3}{2}\pi j}$$

c)
$$z_3 = 4e^{\frac{\pi}{2}j}$$

d)
$$z_4 = e^{\frac{3}{4}\pi j}$$

e)
$$z_5 = 2e^{\frac{7}{4}\pi j}$$

f)
$$z_6 = 3e^{\frac{5}{4}\pi j}$$

Aufgabe 1.11

Gesucht sind sowohl die trigonometrische Form als auch die Exponential-
form der folgenden Zahlen.

a)
$$z = -3$$

b)
$$z = -2j$$

c)
$$z = 1 + \sqrt{3}\, j$$

d)
$$z = 2 - 2j$$

e)
$$z = -1 + j$$

f)
$$z = -3 - \sqrt{3}j$$

Aufgabe 1.12

Es sind die folgenden Produkte und Quotienten zu berechnen.

a)
$$4(\cos 70° + j \sin 70°) \cdot \frac{1}{2}(\cos 20° + j \sin 20°)$$

b)
$$(\cos 170° + j \sin 170°) \cdot 2(\cos 55° + j \sin 55°)$$

c)
$$\sqrt{2}(\cos 40° + j \sin 40°) \cdot \sqrt{8}(\cos 110° + j \sin 110°)$$

d)
$$\frac{2(\cos 140° + j \sin 140°)}{\sqrt{2}(\cos 5° + j \sin 5°)}$$

e)
$$\frac{\cos 300° + J \sin 300°}{2(\cos 60° + j \sin 60°)}$$

f)
$$\frac{4(\cos 50° + j \sin 50°)}{\frac{1}{2}(\cos 10° + J \sin 10°)}$$

Aufgabe 1.13

Es sind die folgenden Produkte und Quotienten zu berechnen.

a)
$$\frac{1}{6}e^{\pi j} \cdot 3e^{\frac{\pi}{3}j}$$

b)
$$4e^{\frac{3}{4}\pi j} \cdot \frac{1}{2}e^{\frac{\pi}{2}j}$$

c)
$$\frac{9e^{\frac{\pi}{3}j}}{3e^{\frac{\pi}{6}j}}$$

d)
$$\frac{e^{\frac{5}{4}\pi j}}{3e^{\frac{7}{8}\pi j}}$$

e)
$$0,5\, e^{1,04j} \cdot 8e^{0,5j}$$

f)
$$\frac{3,8e^{1,5j}}{1,9e^{0,5j}}$$

Gemischte Aufgaben

Aufgabe 1.14

In der folgenden Tabelle sollen z_1, z_2 und z_3 in jeder der drei gebräuchlichen Darstellungsformen komplexer Zahlen dargestellt werden.

	z_1	z_2	z_3
Normal-form	$-1 + \sqrt{3}j$		
Trigono-metrische Form		$\frac{1}{2}\left(\cos 60° + j\sin 60°\right)$	
Exponen-tialform			$3e^{\frac{\pi}{4}j}$

Aufgabe 1.15

In der folgenden Tabelle sollen z_1, z_2 und z_3 in jeder der drei gebräuchlichen Darstellungsformen komplexer Zahlen dargestellt werden.

	z_1	z_2	z_3
Normal-form	$2 - 2j$		
Trigono-metrische Form		$\sqrt{2}\left(\cos 45° + j\sin 45°\right)$	
Exponen-tialform			$2e^{\frac{\pi}{2}j}$

Aufgabe 1.16

Wie lautet die Normalform von z ?

a)
$$z = (-1 + j)^5$$

b)
$$z = (1 - j)^6$$

Aufgabe 1.17

Gesucht sind alle komplexen Wurzeln der folgenden Gleichungen.

a)
$$z^6 = 1$$

b)
$$z^3 = j$$

c)
$$z^3 = -2 + 2j$$

Aufgabe 1.18

Gesucht sind alle komplexen Lösungen der folgenden Gleichungen.

a)
$$x^3 + 8 = 0$$

b)
$$x^4 + 4 = 0$$

Aufgabe 1.19

Gesucht sind die Hauptwerte der folgenden komplexen Logarithmen.

a)
$$\ln(-2)$$

b)
$$\ln(2 - 2j)$$

2. Vektorrechnung und Analytische Geometrie

Koordinaten, Länge und Richtung

Aufgabe 2.1
Gesucht sind die Koordinaten der Vektoren mit den genannten Anfangs- und Endpunkten.

a) Anfangspunkt: $P(-1; 2)$
   Endpunkt: $Q(3; -4)$

b) Anfangspunkt: $P_1(2; 3)$
   Endpunkt: $P_2(1; 8)$

c) Anfangspunkt: $A(1; 3; 4)$
   Endpunkt: $B(2; 1; 3)$

d) Anfangspunkt: $A(-1; 4; -2)$
   Endpunkt: $C(-2; 3; -1)$

e) Anfangspunkt: $B(2; 0; -1)$
   Endpunkt: $D(2; -1; 2)$

f) Anfangspunkt: $X(0; -1; 1)$
   Endpunkt: $Y(1; -1; 2)$

Aufgabe 2.2
Gesucht ist der Abstand zwischen den jeweils genannten Punkten.

a)
   $A(2; 3), B(-1; 7)$

b)
   $E(1; 3), F(2; -1)$

c)
   $A(0; -1; 2), B(-2; 0; 4)$

d)
   $C(1; -2; 0), D(7; -2; 8)$

e)
   $P(1; 0; -3), Q(1; 1; 0)$

f)
   $O(0; 0; 0), P(-2; 1; 2)$

Aufgabe 2.3
Von den vier Eckpunkten eines Parallelogramms sind die Punkte $A(1; 1; 2)$, $B(2; 8; 1)$ und $C(-2; 10; 3)$ gegeben. Gesucht sind die Koordinaten

a) der Vektoren $\overrightarrow{AB}$ und $\overrightarrow{BC}$

b) des Punktes D

c) der Vektoren $\overrightarrow{AC}$ und $\overrightarrow{BD}$.

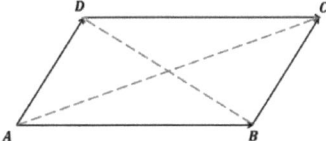

Aufgabe 2.4

Gesucht sind die drei Seitenlängen
des durch die drei Punkte

$A(1; 0; 1)$, $B(0; 1; 2)$ und $C(0; 0; 3)$

gegebenen Dreiecks.

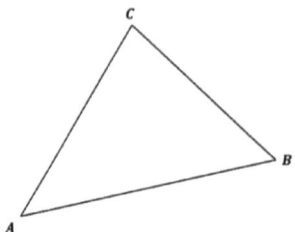

Aufgabe 2.5

Gesucht ist ein Vektor $\vec{v}$ mit der Richtung von $\vec{a} = \begin{pmatrix} 3 \\ 6 \\ 2 \end{pmatrix}$ und der Länge 21.

Aufgabe 2.6

Zu dem Vektor $\vec{a} = \begin{pmatrix} 2 \\ 1 \\ -2 \end{pmatrix}$ sind

    a) ein Einheitsvektor $\vec{e}$, der in dieselbe Richtung wie Vektor $\vec{a}$ weist

    b) ein Vektor $\vec{b}$ mit $\|\vec{b}\| = \frac{3}{2}$ und derselben Richtung wie Vektor $\vec{a}$

gesucht.

Aufgabe 2.7

Zu dem Vektor $\vec{a} = \begin{pmatrix} -1 \\ 2 \\ -3 \end{pmatrix}$ sind folgende Vektoren gesucht:

    a) Ein Vektor $\vec{b}$, der genauso lang ist wie der Vektor $\vec{a}$, aber in die entgegengesetzte Richtung weist.

    b) Ein Vektor $\vec{c}$, der doppelt so lang und genauso gerichtet ist wie der Vektor $\vec{a}$.

    c) Ein Vektor $\vec{d}$, der die dreifache Länge von Vektor $\vec{a}$ besitzt und entgegengesetzt gerichtet ist.

Aufgabe 2.8

Gesucht ist der Punkt Q, der vom Punkt $P(1; -8; 2)$ in Richtung des Vektors

$\vec{v} = \begin{pmatrix} 1 \\ 2 \\ 2 \end{pmatrix}$ 18 LE entfernt ist.

Aufgabe 2.9

Gesucht ist der Punkt P, der vom Punkt $A\left(-\frac{3}{\sqrt{2}}; \frac{1}{2}; -\frac{1}{2}\right)$ in Richtung des

Vektors $\vec{b} = \begin{pmatrix} \sqrt{2} \\ 1 \\ 1 \end{pmatrix}$ 3 LE entfernt ist.

Aufgabe 2.10

Gesucht ist die Projektion $\vec{b}_{\vec{a}}$ des Vektors

$\vec{b} = \begin{pmatrix} 1 \\ 1 \\ 0 \end{pmatrix}$ auf den Vektor $\vec{a} = \begin{pmatrix} 5 \\ 0 \\ 0 \end{pmatrix}$.

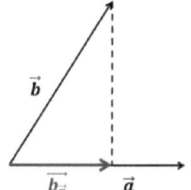

Aufgabe 2.11

Sind die Vektoren linear abhängig oder linear unabhängig?

a)

$\begin{pmatrix} 1 \\ 2 \end{pmatrix}, \begin{pmatrix} 3 \\ 4 \end{pmatrix}$

b)

$\begin{pmatrix} 1 \\ -1 \end{pmatrix}, \begin{pmatrix} 1 \\ 0 \end{pmatrix}$

c)

$\begin{pmatrix} -1 \\ 2 \end{pmatrix}, \begin{pmatrix} 3 \\ -4 \end{pmatrix}, \begin{pmatrix} -1 \\ 0 \end{pmatrix}$

Aufgabe 2.12

Sind die Vektoren linear abhängig oder linear unabhängig?

a)

$\begin{pmatrix} 1 \\ -2 \\ 3 \end{pmatrix}, \begin{pmatrix} 2 \\ -4 \\ 6 \end{pmatrix}$

b)

$\begin{pmatrix} 1 \\ -2 \\ 3 \end{pmatrix}, \begin{pmatrix} 2 \\ 1 \\ 0 \end{pmatrix}, \begin{pmatrix} 0 \\ -5 \\ 6 \end{pmatrix}$

c)

$\begin{pmatrix} 1 \\ -1 \\ 0 \end{pmatrix}, \begin{pmatrix} 2 \\ 1 \\ 3 \end{pmatrix}, \begin{pmatrix} 0 \\ 1 \\ 3 \end{pmatrix}$

Eingeschlossener Winkel

Aufgabe 2.13
Treffen die folgenden Paare von Vektoren senkrecht aufeinander?

a)
$$\vec{a} = \begin{pmatrix} 1 \\ 0 \\ -1 \end{pmatrix}, \vec{b} = \begin{pmatrix} 2 \\ -2 \\ 1 \end{pmatrix}$$

b)
$$\vec{v} = \begin{pmatrix} 3 \\ 6 \\ 3 \end{pmatrix}, \vec{w} = \begin{pmatrix} 0 \\ 4 \\ -8 \end{pmatrix}$$

Aufgabe 2.14
Wie muss x gewählt werden, damit die folgenden Paare von Vektoren einen rechten Winkel einschließen?

a) $\vec{a} = \begin{pmatrix} 1 \\ x \\ 2 \end{pmatrix}, \vec{b} = \begin{pmatrix} 0 \\ 2 \\ 1 \end{pmatrix}$

b) $\vec{c} = \begin{pmatrix} 4 \\ 1 \\ 1 \end{pmatrix}, \vec{d} = \begin{pmatrix} x \\ 1 \\ 1 \end{pmatrix}$

Aufgabe 2.15
Gesucht ist ein vom Nullvektor verschiedener Vektor, der sowohl senkrecht auf $\vec{a} = \begin{pmatrix} 1 \\ 0 \\ 2 \end{pmatrix}$ als auch senkrecht auf $\vec{b} = \begin{pmatrix} 4 \\ 1 \\ 1 \end{pmatrix}$ trifft.

Aufgabe 2.16
Gesucht ist jeweils der von den Vektoren $\vec{a}$ und $\vec{b}$ eingeschlossene Winkel α.

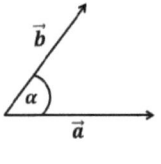

a)
$$\vec{a} = \begin{pmatrix} -1 \\ 5 \\ 2 \end{pmatrix}, \vec{b} = \begin{pmatrix} -4 \\ -2 \\ 3 \end{pmatrix}$$

b)
$$\vec{a} = \begin{pmatrix} -2 \\ 3 \\ -5 \end{pmatrix}, \vec{b} = \begin{pmatrix} 2 \\ -3 \\ 5 \end{pmatrix}$$

c)
$$\vec{a} = \begin{pmatrix} 3 \\ -1 \\ 2 \end{pmatrix}, \vec{b} = \begin{pmatrix} 9 \\ -3 \\ 6 \end{pmatrix}$$

Flächen- und Rauminhalte

Aufgabe 2.17

Gegeben sind die Vektoren

$$\vec{a} = \begin{pmatrix} 1 \\ 1 \\ 2 \end{pmatrix} \text{ und } \vec{b} = \begin{pmatrix} 2 \\ -1 \\ 3 \end{pmatrix}.$$

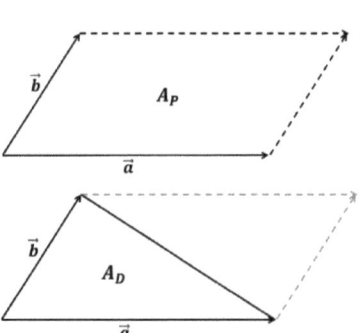

a) Gesucht ist der Flächeninhalt des von den beiden Vektoren aufgespannten Parallelogramms.

b) Gesucht ist der Flächeninhalt des von den beiden Vektoren aufgespannten Dreiecks.

Aufgabe 2.18

Gesucht ist der Flächeninhalt des Dreiecks, das jeweils durch die drei genannten Punkte gegeben ist.

a)

$A(1; 0; 1), B(0; 1; 2)$ und $C(0; 0; 3)$

b)

$A(2; 3; 1), B(0; 2; 3)$ und $C(1; 2; 2)$

Aufgabe 2.19

Von einem Spat sind die vier Eckpunkte $A(1; 1; 1)$, $B(-2; 8; 2)$, $C(-5; 10; -3)$ und $E(0; 2; 4)$ gegeben.

Wie groß ist das Volumen?

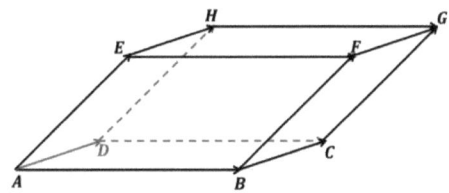

Aufgabe 2.20

Gegeben sind die drei Vektoren $\vec{a} = \begin{pmatrix} 2 \\ 1 \\ 2 \end{pmatrix}$, $\vec{b} = \begin{pmatrix} 1 \\ 3 \\ -1 \end{pmatrix}$ und $\vec{c} = \begin{pmatrix} 5 \\ 1 \\ -3 \end{pmatrix}$.

a) Wie groß ist das Volumen des von den drei Vektoren aufgespannten Spates?

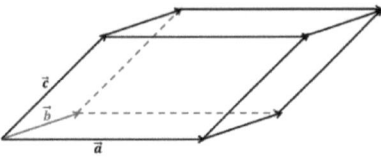

b) Die drei Vektoren spannen auch ein Prisma mit dreieckiger Grundfläche auf. Wie groß ist dessen Volumen?

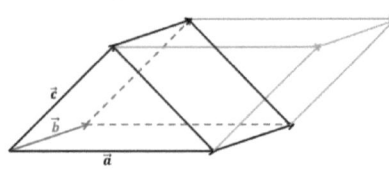

c) Wie groß ist das Volumen der dreiseitigen Pyramide, die von den drei Vektoren aufgespannt wird?

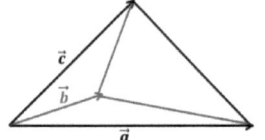

Geraden und Ebenen

Aufgabe 2.21

Es ist jeweils die Gleichung der Geraden g gesucht, die durch die beiden angegebenen Punkte verläuft.

a)
$A(1,0,1)$ und $B(2,1,0)$

b)
$P(-2,4,3)$ und $Q(3,2,8)$

Aufgabe 2.22

Welchen Abstand hat der Punkt $P(2,1,1)$ von der Geraden

$$g: \vec{x} = \begin{pmatrix} 1 \\ 0 \\ 1 \end{pmatrix} + \lambda \begin{pmatrix} 1 \\ 1 \\ 1 \end{pmatrix}, \lambda \in \mathbb{R} ?$$

Aufgabe 2.23

Welchen Abstand hat der Punkt $P(1; 2; 0)$ von der Geraden, die durch die beiden Punkte $A(1; 0; 1)$ und $B(5; 4; -3)$ verläuft?

Aufgabe 2.24

Zu den jeweils gegebenen drei Punkten soll eine Parameterform der Ebene bestimmt werden, in der die Punkte liegen.

a)

$A(1; 3; -2), B(0; -1; 2)$ und $C(-2; 0; 4)$

b)

$P_1(0; -1; 2), P_2(1; 2; 0)$ und $P_3(2; 1; 1)$

Aufgabe 2.25

Liegt der Punkt P in der genannten Ebene H?

a)

$$P(-2; 0; 0) \quad H: \begin{pmatrix} x \\ y \\ z \end{pmatrix} = \begin{pmatrix} 1 \\ 3 \\ -2 \end{pmatrix} + \lambda \begin{pmatrix} -1 \\ -4 \\ 4 \end{pmatrix} + \mu \begin{pmatrix} 1 \\ 1 \\ -2 \end{pmatrix}, \lambda, \mu \in \mathbb{R}$$

b)

$$P(3; 0; 2) \quad H: \begin{pmatrix} x \\ y \\ z \end{pmatrix} = \begin{pmatrix} 0 \\ -1 \\ 2 \end{pmatrix} + \lambda \begin{pmatrix} 1 \\ 3 \\ -2 \end{pmatrix} + \mu \begin{pmatrix} 2 \\ 2 \\ -1 \end{pmatrix}, \lambda, \mu \in \mathbb{R}$$

Aufgabe 2.26

Zur Ebene E, die durch die Punkte $P_1(1; 3; 0), P_2(4; -1; 2)$ und $P_3(3; 0; 1)$ verläuft, ist Folgendes gesucht:

a) Eine Ebenengleichung.

b) Ein Normalenvektor $\vec{n}$.

c) Der Abstand des Punktes $P(4; 3; 0)$ von der Ebene.

Aufgabe 2.27

Von einer Ebene E ist bekannt, dass sie durch den Punkt $P(5; 1; 5)$ verläuft
und der Vektor $\vec{n} = \begin{pmatrix} -1 \\ 2 \\ -1 \end{pmatrix}$ senkrecht auf sie trifft.

   a) Gesucht ist eine Ebenengleichung der Ebene E in Normalform.

   b) Liegt der Punkt $Q(8; 2; 4)$ in der Ebene E ?

Aufgabe 2.28

Von einer Ebene E ist bekannt, dass sie durch den Punkt $P(1; 1; 1)$ verläuft
und den Normalenvektor $\vec{n} = \begin{pmatrix} 2 \\ 0 \\ -1 \end{pmatrix}$ besitzt.

   a) Gesucht ist eine Ebenengleichung der Ebene E in Normalform.

   b) Welchen Abstand hat der Punkt $W(4; 8; 3)$ von der Ebene E?

Gemischte Aufgaben

Aufgabe 2.29

Für das abgebildete Parallelogramm sollen mit Methoden der Vektorrechnung

a) die Koordinaten des Punktes C

b) die Längen der Seiten

c) die Größe der Innenwinkel

berechnet werden.

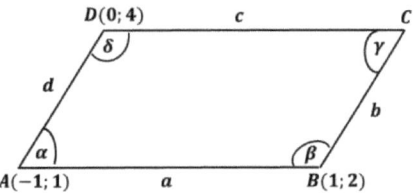

Aufgabe 2.30

Von einem Parallelogramm sind die drei Eckpunkte A, B und D bekannt.

a) Wie lauten die Koordinaten des vierten Eckpunktes C?

b) Wie lang ist die Seite d?

c) Wie groß ist die Fläche des Parallelogramms?

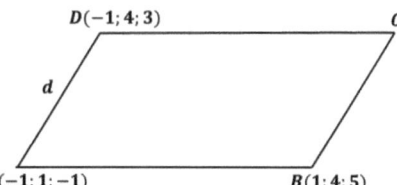

Aufgabe 2.31

Die Punkte $A(2; 1; 3)$, $B(5; 1; 7)$ und $D(9; 1; 4)$ sind Eckpunkte eines Parallelogramms (vgl. Abbildung). Gesucht sind:

a) Die Koordinaten des vierten Eckpunktes C.

b) Die Seitenlängen des Parallelogramms.

c) Die Größe der vier Innenwinkel.

d) Die Länge der Diagonalen AC.

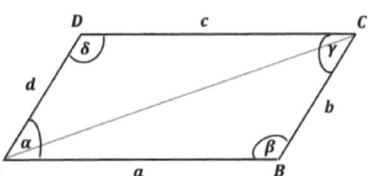

Aufgabe 2.32

Durch die drei Punkte $A(1;1;1), B(3;4;7)$ und $C(1;4;5)$ wird ein Dreieck beschrieben.

    a) Wie lang ist die Seite, die durch die Verbindung der beiden Punkte A und B entsteht?

    b) Wie groß ist der Flächeninhalt des Dreiecks?

Aufgabe 2.33

Die drei gegebene Punkte $A(-1;1;1), B(3;4;1)$ und $C(-4;5;1)$ bilden ein Dreieck. Gesucht sind:

    a) Die Längen der Seiten a, b und c.

    b) Die Größe des Winkels γ.

    c) Der Flächeninhalt des Dreiecks.

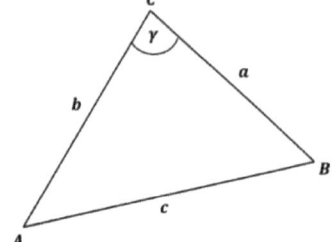

Aufgabe 2.34

Die Punkte $A(3;1;-3), B(6;5;1)$ und $C(1;9;8)$ sind die Eckpunkte eines Dreiecks. Gesucht sind:

    a) Die Koordinaten des Punktes M_C.

    b) Die Länge der Seitenhalbierenden s_C.

    c) Die Koordinaten des Schnittpunktes S der Seitenhalbierenden.

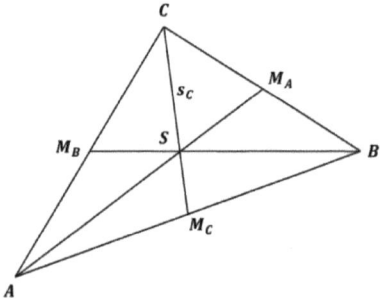

Hinweis: Der Schnittpunkt S teilt alle Seitenhalbierenden im Verhältnis 2:1.

Aufgabe 2.35

Die drei Punkte $A(-1; 2; 1)$, $B(3; 4; 4)$ und $C(-6; 2; -1)$ bilden die Eckpunkte eines Dreiecks. Ist das Dreieck

a) gleichschenklig?   b) gleichseitig?   c) rechtwinklig?

Aufgabe 2.36

Die Punkte $A(1; -2; 3), B(5; 5; 7)$ und
$C(7; 6; 5)$ bilden die Eckpunkte eines
Dreiecks.

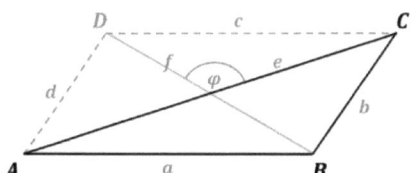

a) Wie groß ist der Flächeninhalt
   des Dreiecks?

b) Gesucht sind die Koordinaten des Punktes D, so dass das abgebildete Parallelogramm entsteht.

c) Wie lang sind die Seitenlängen a, b, c und d des Parallelogramms?

d) Wie lang sind die beiden Diagonalen e und f?

e) Wie groß ist der Winkel φ?

Aufgabe 2.37

Zu den gegebenen Punkten $B(6; 0; 4), C(10; -1; 7)$ und $D(8; 2; 6)$ ist Folgendes gesucht:

a) Die Länge der Strecke BD.

b) Der Winkel ε zwischen der
   Strecke BD und der Strecke BC.

c) Die Flächenmaßzahl des Dreiecks
   BCD.

d) Die Gleichung der Geraden g, die durch die Punkte B und D verläuft.

e) Liegt der Punkt $E(4; -2; 2)$ auch auf der Geraden g?

Aufgabe 2.38

Die Punkte $A(0; 2; 4)$ und $B(3; 2; 2)$ sind zwei der drei Eckpunkte eines Dreiecks ABC. Der Punkt C liegt vom Punkt A aus in Richtung des Vektors

$$\vec{v} = \begin{pmatrix} 3 \\ 6 \\ -6 \end{pmatrix}$$

3 LE entfernt.

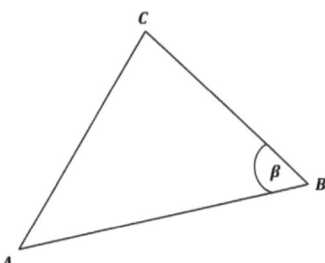

a) Wie lauten die Koordinaten des Punktes C?

b) Wie groß ist der Winkel β?

c) Ist das Dreieck gleichschenklig?

d) Welchen Flächeninhalt hat das Dreieck?

e) Gesucht ist eine Geradengleichung der Geraden g, die durch die beiden Punkte A und B verläuft.

f) Gesucht ist eine Gleichung der Ebene E, in der das Dreieck liegt.

g) Liegt der Punkt $P\left(\frac{7}{4}; \frac{5}{2}; \frac{9}{2}\right)$ auch in der Ebene E?

Aufgabe 2.39

Zu den drei Punkten $A(-3; 1; 3)$, $C(3; 4; 4)$ und $D(-1; 2; 4)$ ist Folgendes gesucht:

a) Ein Punkt B, so dass das abgebildete Parallelogramm entsteht.

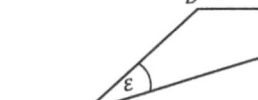

b) die Länge der Seite $\overline{AD}$.

c) die Größe des Winkels ε.

d) Die Gleichung der Ebene H, in der das Parallelogramm liegt,

    (i) in Parameterform   (ii) in Normalenform.

Aufgabe 2.40

Ein Schwimmer schwimmt mit einer Eigengeschwindigkeit von $v_S = 1\frac{m}{s}$ in einem Fluss mit einer Fließgeschwindigkeit von $v_F = 0,5\frac{m}{s}$.

a) Mit welcher resultierenden Geschwindigkeit v_R kommt er in Fließrichtung des Flusses voran?

b) Mit welcher resultierenden Geschwindigkeit v_R kommt er voran, wenn er gegen die Fließrichtung schwimmt?

c) An guten Tagen schafft er eine Geschwindigkeit von $1\frac{m}{s}$, obwohl er gegen die Strömung schwimmt.
   Wie groß ist dann seine Eigengeschwindigkeit v_S?

Aufgabe 2.41

In einem Fluss mit einer Fließgeschwindigkeit von $v_F = 2\frac{m}{s}$ schwimmt ein Schwimmer mit einer Eigengeschwindigkeit von $v_S = 0,6\frac{m}{s}$.
Der Winkel zwischen der Fließrichtung und der Schwimmrichtung beträgt 45°. Wie groß ist die resultierende Geschwindigkeit v_R?

Aufgabe 2.42

Ein Fluss fließt mit einer Geschwindigkeit von $v_F = 10\frac{km}{h}$ Richtung Osten. Ein Boot versucht den Fluss Richtung Norden mit einer Geschwindigkeit von $v_B = 20\frac{km}{h}$ zu überqueren.

a) Mit welcher Geschwindigkeit v_R und in welche Richtung kommt das Boot voran?

b) Mit welcher Geschwindigkeit v_B und in welche Richtung müsste das Boot losfahren um mit einer resultierenden Geschwindigkeit von $v_R = 30\frac{km}{h}$ den direkt gegenüber liegenden Punkt des Ufers zu erreichen?

3. Matrizen und Determinanten

Matrizenrechnung

Aufgabe 3.1

Welchen Rang haben die folgenden Matrizen?

a)
$$A = \begin{pmatrix} 1 & 2 & 3 \\ 1 & 7 & 9 \\ -2 & 1 & 0 \end{pmatrix}$$

c)
$$C = \begin{pmatrix} 1 & -1 & 2 & 0 \\ 2 & 1 & 5 & 3 \\ 0 & -1 & -1 & -1 \\ 1 & 2 & 5 & 3 \\ -1 & 1 & -2 & 0 \end{pmatrix}$$

b)
$$B = \begin{pmatrix} 1 & 0 & -1 & 2 \\ 2 & 1 & 3 & 1 \\ -3 & 1 & 4 & 0 \end{pmatrix}$$

Aufgabe 3.2

Gegeben sind die Matrizen

$$A = \begin{pmatrix} 1 & 3 \\ 0 & 2 \\ 4 & 2 \end{pmatrix} \quad B = \begin{pmatrix} 2 & 3 \\ 1 & 4 \end{pmatrix} \quad C = \begin{pmatrix} 2 & 3 & 4 \\ 7 & 9 & 3 \\ 2 & 1 & 0 \end{pmatrix} \quad D = \begin{pmatrix} 1 & 2 \\ 1 & 3 \\ 3 & 4 \end{pmatrix}$$

$$E = \begin{pmatrix} 8 & 9 \\ 1 & 3 \end{pmatrix} \quad F = (1 \quad 0 \quad 1) \quad G = \begin{pmatrix} 1 \\ 2 \\ 3 \end{pmatrix}$$

Gesucht sind die Ergebnismatrizen, sofern die Rechnungen definiert sind.

a)
$$A + D$$

c)
$$2E - 3B$$

e)
$$A \cdot B$$

b)
$$D + E$$

d)
$$F + 4G$$

f)
$$D \cdot G$$

Aufgabe 3.3
Gesucht sind sämtliche definierten Matrizenprodukte bestehend aus je zwei Faktoren, die aus den Matrizen A, B und C gebildet werden können.

$$A = \begin{pmatrix} 3 & 4 & -2 \\ 4 & -1 & 1 \\ 2 & 2 & -3 \\ 1 & 5 & 2 \end{pmatrix}, \ B = \begin{pmatrix} 4 & 3 \\ 1 & 2 \\ 7 & -5 \end{pmatrix} \text{ und } C = \begin{pmatrix} 1 & 2 & 3 & 4 \\ 5 & 6 & 7 & 8 \end{pmatrix}$$

Aufgabe 3.4
Gesucht sind sämtliche Produkte aus den Matrizen

$$A = \begin{pmatrix} 1 & -1 \\ 0 & 2 \\ 3 & 1 \end{pmatrix}, B = \begin{pmatrix} 2 & 0 & 1 & -1 \\ -2 & 1 & 3 & 1 \end{pmatrix} \text{ und } C = \begin{pmatrix} 2 & 0 & -1 \\ 1 & -1 & 1 \\ 0 & 1 & -2 \\ 1 & 3 & 2 \end{pmatrix},$$

die aus je zwei Faktoren gebildet werden können.

Aufgabe 3.5
Wie müssen x und y gewählt werden, damit die folgende Matrizengleichung erfüllt ist?

$$\begin{pmatrix} x & 2 \\ -1 & 3 \end{pmatrix} \cdot \begin{pmatrix} 2 & 1 \\ y & -1 \end{pmatrix} = \begin{pmatrix} 2 & -1 \\ -2 & -4 \end{pmatrix}$$

Aufgabe 3.6
Gibt es zwei Zahlen a und b, so dass die folgende Matrizengleichung erfüllt werden kann?

$$\begin{pmatrix} 2 & a & 3 \\ 1 & b & 2 \end{pmatrix} \cdot \begin{pmatrix} 1 & 2 \\ -1 & 0 \end{pmatrix} = \begin{pmatrix} 4 & 1 & 7 \\ -2 & 1 & -3 \end{pmatrix}$$

Wenn ja, welche?

Aufgabe 3.7

Gesucht sind die Ergebnismatrizen.

a)

$$\begin{pmatrix} 2 & 1 & -1 \\ 1 & -1 & 0 \\ 0 & 2 & 1 \end{pmatrix} \cdot \begin{pmatrix} 1 & -1 \\ -1 & 0 \\ 1 & 1 \end{pmatrix} + \begin{pmatrix} 2 & 1 & 0 \\ -1 & 0 & 1 \end{pmatrix}^T$$

b)

$$\begin{pmatrix} 1 & 1 \\ 0 & 1 \end{pmatrix} \cdot \left[\begin{pmatrix} 14 & 9 \\ 2 & 3 \\ 10 & 7 \end{pmatrix}^T - 2 \cdot \begin{pmatrix} 4 & 0 & 5 \\ 3 & 1 & 4 \end{pmatrix} \right]$$

Aufgabe 3.8

Gesucht ist jeweils die inverse Matrix der gegebenen Matrix.

a)
$$A = \begin{pmatrix} 1 & -2 \\ 3 & 4 \end{pmatrix}$$

b)
$$B = \begin{pmatrix} 1 & -1 \\ 0 & 2 \end{pmatrix}$$

c)
$$C = \begin{pmatrix} -2 & 3 \\ 4 & -6 \end{pmatrix}$$

d)
$$D = \begin{pmatrix} -2 & 1 \\ 1 & -2 \end{pmatrix}$$

Aufgabe 3.9

Gesucht ist jeweils die inverse Matrix.

a)
$$A = \begin{pmatrix} 1 & -1 & 2 \\ -2 & 0 & 3 \\ 0 & -2 & 1 \end{pmatrix}$$

b)
$$B = \begin{pmatrix} 1 & -1 & 2 \\ 2 & 1 & 0 \\ -1 & 1 & -3 \end{pmatrix}$$

c)
$$C = \begin{pmatrix} 1 & 2 & 0 \\ -1 & 8 & 4 \\ -1 & 3 & 2 \end{pmatrix}$$

Aufgabe 3.10

Gesucht ist die Lösung der Matrizengleichung

$$AX = B$$

für

a)
$$A = \begin{pmatrix} 1 & 2 \\ 2 & -1 \end{pmatrix}, B = \begin{pmatrix} 3 & 1 \\ 1 & 2 \end{pmatrix}$$

b)
$$A = \begin{pmatrix} -1 & 0 \\ 2 & 1 \end{pmatrix}, B = \begin{pmatrix} 2 & 1 & -2 \\ 0 & -1 & 1 \end{pmatrix}$$

Eigenwerte und Eigenvektoren

Aufgabe 3.11

Zu den folgenden Matrizen sind sämtliche Eigenwerte sowie die zu den Eigenwerten gehörenden Eigenvektoren gesucht.

a)
$$A = \begin{pmatrix} 2 & 1 \\ 0 & 1 \end{pmatrix}$$

c)
$$C = \begin{pmatrix} 3 & -1 \\ 1 & 1 \end{pmatrix}$$

b)
$$B = \begin{pmatrix} 1 & 1 \\ 0 & 3 \end{pmatrix}$$

d)
$$D = \begin{pmatrix} 1 & -1 \\ 2 & 4 \end{pmatrix}$$

Aufgabe 3.12

Zu den folgenden Matrizen sind sämtliche Eigenwerte sowie die zu den Eigenwerten gehörenden Eigenvektoren gesucht.

a)
$$A = \begin{pmatrix} 1 & 2 & 3 \\ 0 & 2 & 3 \\ 0 & -1 & -2 \end{pmatrix}$$

b)
$$B = \begin{pmatrix} 3 & -1 & 0 \\ -1 & 3 & 0 \\ 2 & 3 & 0 \end{pmatrix}$$

Determinanten

Aufgabe 3.13

Gesucht sind die Determinanten der folgenden Matrizen.

a)
$$A = \begin{pmatrix} 2 & -1 \\ 3 & 4 \end{pmatrix}$$

c)
$$C = \begin{pmatrix} -1 & 2 \\ -3 & 2 \end{pmatrix}$$

b)
$$B = \begin{pmatrix} 2 & 4 \\ 1 & 3 \end{pmatrix}$$

d)
$$D = \begin{pmatrix} 8 & 2 \\ 5 & -1 \end{pmatrix}$$

Aufgabe 3.14

Gesucht sind die Determinanten der folgenden Matrizen.

a)
$$A = \begin{pmatrix} 1 & 2 & 5 \\ 3 & -4 & 7 \\ -3 & 12 & -15 \end{pmatrix}$$

c)
$$C = \begin{pmatrix} 4 & 2 & 6 \\ 3 & 0 & 4 \\ 2 & 1 & 3 \end{pmatrix}$$

b)
$$B = \begin{pmatrix} 1 & 2 & -1 \\ 2 & 1 & 0 \\ 3 & -2 & 2 \end{pmatrix}$$

d)
$$D = \begin{pmatrix} 2 & -1 & 3 \\ -2 & 1 & 0 \\ 1 & 0 & -2 \end{pmatrix}$$

Aufgabe 3.15

Zu den Matrizen

$$A = \begin{pmatrix} 1 & 1 \\ -1 & 1 \end{pmatrix}, B = \begin{pmatrix} 2 & 1 \\ 1 & 1 \end{pmatrix} \text{ und } C = \begin{pmatrix} 1 & -1 & 2 \\ 0 & 1 & 0 \\ 0 & -1 & 1 \end{pmatrix}$$

sind die folgenden Determinanten gesucht:

a) $\det(AB)$

b) $\det C$

Aufgabe 3.16

Was ist der Wert der Determinante D?

a)
$$D = \begin{vmatrix} 1 & -2 & 0 & 3 \\ 2 & 1 & 1 & -1 \\ 0 & -1 & 2 & 1 \\ 2 & 4 & 0 & 1 \end{vmatrix}$$

b)
$$D = \begin{vmatrix} -1 & 0 & -1 & 0 & 2 \\ 2 & 3 & 0 & 0 & 1 \\ 3 & -6 & 8 & 2 & -4 \\ 0 & 0 & -1 & -3 & -10 \\ 1 & 3 & 0 & 4 & 9 \end{vmatrix}$$

Aufgabe 3.17

Für welche(s) x ist $D = 0$?

$$D = \begin{vmatrix} x+2 & 3 & -9 \\ 0 & 1 & 0 \\ 1 & 0 & x-4 \end{vmatrix}$$

Anwendungen der Matrizenrechnung

Aufgabe 3.18

In einem zweistufigen Fertigungsprozess werden aus drei verschiedenen Rohstoffen (R_1, R_2 und R_3) zwei verschiedene Zwischenprodukte (Z_1 und Z_2) hergestellt. Aus den beiden Zwischenprodukten werden dann drei verschiedene Endprodukte (E_1, E_2 und E_3) gefertigt.

Den Bedarf an Rohstoffen für die Zwischenprodukte und an Zwischenprodukten für die Endprodukte beschreiben die folgenden Tabellen:

	E_1	E_2	E_3
Z_1	3	2	3
Z_2	2	1	3

	Z_1	Z_2
R_1	3	3
R_2	4	2
R_3	1	4

a) Mithilfe der Matrizenmultiplikation ist eine Tabelle aufzustellen, die den Bedarf an Rohstoffen für die Endprodukte beschreibt.

b) Wie viele Einheiten der Rohstoffe R_1, R_2 und R_3 werden für die Produktion einer Einheit des Endproduktes E_2 benötigt?

Aufgabe 3.19

Die folgenden Tabellen beschreiben die Zusammenhänge in einem zweistufigen Fertigungsprozess. Gesucht sind a und b.

	Z_1	Z_2	Z_3
R_1	a	3	b
R_2	8	1	3
R_3	2	5	2

	E_1	E_2	E_3
Z_1	2	2	1
Z_2	5	0	2
Z_3	3	7	3

	E_1	E_2	E_3
R_1	25	10	11
R_2	30	37	19
R_3	35	18	18

Aufgabe 3.20

Unter Einsatz von vier verschiedenen Maschinen M_1, M_2, M_3 und M_4 werden drei verschiedene Produkte P_1, P_2 und P_3 hergestellt. Tabelle 1 gibt an, wie viele Einsatzstunden pro Maschine für eine Mengeneinheit der einzelnen Produkte erforderlich sind. Tabelle 2 gibt die Kosten in Geldeinheiten an, die pro Stunde und Maschine anfallen.

Tab. 1	P_1	P_2	P_3
M_1	2	1	3
M_2	1	2	1
M_3	3	1	1
M_4	1	2	1

Tab. 2	M_1	M_2	M_3	M_4
GE	100	100	200	100

Mithilfe der Matrizenrechnung ermittele man die Kosten des Maschineneinsatzes für jeweils eine Mengeneinheit der einzelnen Produkte.

Aufgabe 3.21

Eine Autovermietung ist an 4 Orten A, B, C und D vertreten. Zu Beginn eines Tages befinden sich an den Standorten A und C 300 Fahrzeuge und an den Standorten B und D 200 Fahrzeuge.

Das abgebildete Übergangsdiagramm zeigt, wie sich die Fahrzeuge normalerweise im Laufe eines Tages auf die Standorte verteilen.

a) Man erstelle aus dem Übergangsdiagramm eine Übergangsmatrix U.

b) Mithilfe der Matrizenrechnung ermittele man die Anzahl der Fahrzeuge, die sich am Ende des Tages an den Standorten A, B, C und D befinden..

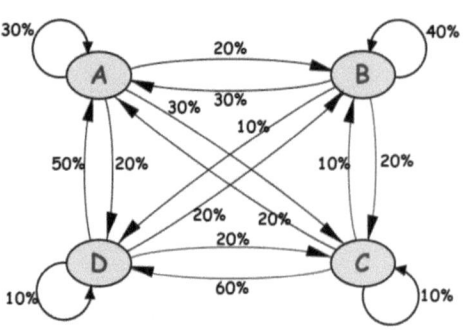

c) Wie viele Fahrzeuge befinden sich nach einem weiteren Tag an den Standorten, wenn die Fahrzeuge dort verbleiben, wo sie zurück gegeben werden?

Aufgabe 3.22

Auf einem Markt konkurrieren vier Unternehmen miteinander. Zu Beginn eines Jahres hat Unternehmen A einen Marktanteil von 20%, B einen Anteil von 40%, C einen Anteil von 30% und Unternehmen D einen Anteil von 10%. Die folgende Tabelle gibt an, wie viel Prozent der Kunden eines Unternehmens von einem Monat zum nächsten zu welchem anderen Unternehmen wechseln:

Kunden von / wechseln zu	A	B	C	D
A	10%	30%	40%	20%
B	70%	20%	10%	0%
C	0%	10%	30%	0%
D	20%	40%	20%	80%

a) Gesucht ist eine Übergangsmatrix, mit der das in der Tabelle beschriebene Kundenverhalten beschrieben werden kann.

b) Welche Marktanteile haben die 4 Unternehmen im Monat März?

Aufgabe 3.23

Eine Teilchenart kann drei Energiezustände I, II und III annehmen. Innerhalb eines festen Zeitschritts Δt ändern die Teilchen ihre Energiezustände: Teilchen im Zustand I bleiben zu 25% in diesem Zustand, zu 25% wechseln sie in den Zustand II und zu 50% wechseln sie in den Zustand III. Alle Teilchen im Zustand II wechseln in den Zustand III. Teilchen im

Zustand III bleiben zu 50% in diesem Zustand, zu 25% wechseln sie in den Zustand I und zu 25% in den Zustand II. Zu Beginn der Beobachtung befindet sich die Hälfte der Teilchen im Zustand I, die andere Hälfte im Zustand II.

a) Man gebe einen Vektor $\vec{v_0}$ an, der die Zustände zu Beginn beschreibt, und erstelle eine Übergangsmatrix M.

b) Wie viel Prozent der Teilchen befinden sich nach 2 Zeitschritten in den Zuständen I, II und III?

Aufgabe 3.24

In einem durch eine Membran in zwei Kammern geteilten Behälter befinden sich insgesamt 15000 gleichartige Teilchen. Pro Minute wechseln 20% der in der Kammer A befindlichen Teilchen in die Kammer B. Und umgekehrt wechseln 10% der in Kammer B befindlichen Teilchen in die Kammer A.

a) Gesucht ist eine Übergangsmatrix M, mit der das minütliche Wechselverhalten der Teilchen zwischen den beiden Kammern beschrieben werden kann.

b) Wenn sich zu Anfang 10000 Teilchen in der Kammer A und 5000 Teilchen in der Kammer B befinden, wie viele Teilchen befinden sich dann eine Minute später in den beiden Kammern?

c) Wie viele Teilchen müssten sich zu Anfang in den beiden Kammern befinden, damit nach einer Minute in beiden Kammern jeweils 7500 Teilchen wären?

d) Was ist die stabile Verteilung für das genannte Wechselverhalten und die 15 000 vorhandenen Teilchen?

4. Lineare Gleichungssysteme

Quadratische Systeme

Aufgabe 4.1

$$3x_1 - x_2 + 5x_3 = 1$$
$$- x_1 + 2x_2 + x_3 = 1$$
$$-2x_1 + 4x_2 + 3x_3 = 1$$

a) Was ist die Determinante der Koeffizientenmatrix?

b) Was folgt aus dem Wert der Determinante für die Lösbarkeit bzw. die Lösung(en) des linearen Gleichungssystems?

c) Welchen Wert hat x_3 ?

Aufgabe 4.2

$$x_1 + 2x_2 + 3x_3 = 5$$
$$-2x_1 + x_3 = 2$$
$$x_1 + 6x_2 + 10x_3 = 5$$

a) Was ist die Determinante der Koeffizientenmatrix?

b) Was folgt aus dem Wert der Determinante für die Lösbarkeit bzw. die Lösung(en) des linearen Gleichungssystems?

c) Wie lautet die Lösungsmenge des Gleichungssystems?

Aufgabe 4.3

Gesucht sind die Lösungsmengen der folgenden linearen Gleichungssysteme.

a)

$$2x_1 - 4x_2 + 3x_3 = 1$$
$$x_1 - 2x_2 + 4x_3 = 3$$
$$3x_1 - x_2 + 5x_3 = 2$$

b)

$$2x_1 - 3x_2 + x_3 - 2 = 0$$
$$x_1 + 5x_2 - 4x_3 = -5$$
$$x_1 + x_2 - 3x_3 + 4 = 0$$

c)

$$9x_1 + 5x_2 + 4x_3 = 21$$
$$6x_1 + 3x_2 - 5x_3 = 7$$
$$3x_1 - 10x_2 + 6x_3 = 35$$

d)

$$2x_1 + 3x_2 - 2x_3 = 3$$
$$4x_1 - 2x_2 + 3x_3 = -9$$
$$3x_1 + 8x_2 + 4x_3 = 1$$

Aufgabe 4.4

Gesucht sind die Lösungsmengen der folgenden linearen Gleichungssysteme.

a)

$$x_1 + 2x_2 + 3x_3 = 4$$
$$2x_1 + x_2 - x_3 = 3$$
$$3x_1 + 3x_2 + 2x_3 = 10$$

c)

$$x_1 - 2x_2 + x_3 = 4$$
$$2x_1 + 3x_2 - x_3 = 3$$
$$4x_1 - x_2 + x_3 = 11$$

b)

$$x_1 - x_2 + 3x_3 = 8$$
$$x_1 + x_2 + x_3 = 6$$
$$3x_1 + x_2 + 5x_3 = 10$$

d)

$$3x_1 + x_2 - 2x_3 = 3$$
$$24x_1 + 10x_2 - 13x_3 = 25$$
$$-6x_1 - 4x_2 + x_3 = -7$$

Aufgabe 4.5

Gesucht sind die Lösungsmengen der folgenden linearen Gleichungssysteme.

a)

$$2x_1 + x_2 + 2x_3 + 3x_4 = 1$$
$$-2x_1 - 4x_2 - 6x_3 - 8x_4 = -10$$
$$4x_1 + 3x_2 + 2x_3 + x_4 = -5$$
$$3x_1 + 2x_2 + x_3 + 2x_4 = 1$$

b)

$$x_1 + 2x_2 + 3x_3 + 3x_4 = 0$$
$$-x_1 + x_2 + x_3 + 2x_4 = 4$$
$$2x_1 + 3x_2 - x_3 + x_4 = 1$$
$$2x_1 - x_2 - 3x_3 + 4x_4 = 2$$

Bei den linearen Gleichungssystemen in den Aufgaben 4.6 und 4.7 ist jeweils nur die genannte Unbekannte gesucht:

Aufgabe 4.6

a)
$$2x_1 + x_2 - 3x_3 = 0$$
$$-x_1 - 2x_2 + x_3 = 3$$
$$3x_1 + 2x_2 \quad\quad = -1$$

Gesucht ist x_2.

c)
$$x_1 + x_2 - x_3 = 0$$
$$2x_1 - x_2 - x_3 = -3$$
$$4x_1 + 2x_2 - 3x_3 = -1$$

Gesucht ist x_1.

b)
$$x_1 + 2x_2 - x_3 = -1$$
$$2x_1 - x_2 + 3x_3 = 3$$
$$3x_1 + 2x_2 - 3x_3 = 1$$

Gesucht ist x_3.

d)
$$x_1 - 2x_2 - x_3 = 3$$
$$2x_1 - x_2 + x_3 = 3$$
$$3x_1 + x_2 - 3x_3 = 2$$

Gesucht ist x_2.

Aufgabe 4.7

$$x_1 + 2x_2 - x_3 + x_4 = 4$$
$$2x_1 \quad\quad + x_3 \quad\quad = 1$$
$$\quad\quad -2x_3 + x_4 = 4$$
$$\quad x_2 \quad\quad + 2x_4 = 4$$

Gesucht ist x_3.

Nichtquadratische Systeme

Aufgabe 4.8

Zu den genannten linearen Gleichungssystemen

- beurteile man deren Lösbarkeit anhand der Ränge von Koeffizientenmatrix A und erweiterter Koeffizientenmatrix $(A|b)$ und
- gebe deren Lösungsmenge an.

a)
$$x_1 + 3x_2 = 2$$
$$3x_1 - x_2 = -4$$
$$4x_1 + 2x_2 = -1$$

c)
$$x_1 - x_2 = 3$$
$$3x_1 + x_2 = 1$$
$$-2x_1 - x_2 = 0$$

b)
$$2x_1 - x_2 = -1$$
$$-4x_1 + 2x_2 = 2$$
$$4x_1 - 2x_2 = -2$$

d)
$$2x_1 - 2x_2 + 4x_3 = -4$$
$$3x_1 - 3x_2 + 6x_3 = -2$$

Aufgabe 4.9

Gesucht sind die Lösungsmengen der folgenden linearen Gleichungssysteme.

a)
$$x_1 + 2x_2 = 0$$
$$2x_1 - x_2 = 5$$
$$x_1 - x_2 = 3$$

c)
$$x_1 + x_2 = 3$$
$$2x_1 - x_2 = 0$$
$$3x_1 - x_2 = -1$$

b)
$$x_1 + 2x_2 = 0$$
$$x_1 + 4x_2 = 2$$
$$2x_1 + 3x_2 = -1$$

d)
$$x_1 - 2x_2 = 1$$
$$-x_1 + 2x_2 = -1$$
$$2x_1 - 4x_2 = 2$$

Aufgabe 4.10

Gesucht sind die Lösungsmengen der folgenden linearen Gleichungssysteme.

a)
$$x_1 - x_2 - x_3 = -2$$
$$x_2 - x_3 = 1$$

c)
$$x_1 + x_2 - 6x_3 = 1$$
$$2x_1 + 2x_2 - 12x_3 = 0$$

b)
$$x_1 + x_2 - 4x_3 = 1$$
$$2x_1 - x_2 - 2x_3 = 2$$

d)
$$x_1 + x_2 + x_3 = 2$$
$$2x_1 + 2x_2 + x_3 = 4$$

Gleichungssysteme mit Parameter

Aufgabe 4.11

Für welche Parameterwerte haben die folgenden linearen Gleichungssysteme

- keine Lösung?
- genau eine Lösung?
- unendlich viele Lösungen?

a)
$$x - 2y + z = 3$$
$$3x - y + 5z = 2$$
$$2x - ay + 3z = 1$$

d)
$$x - y + c^2z = 1$$
$$-2x + 2y - 2c^2z = -2$$
$$x - y + (c^2 + 1)z = 1$$

b)
$$-x + y - 4z = a$$
$$4y - 4z = a - 1$$
$$x - y + a^2z = -2$$

e)
$$x - y + a^2z = -2$$
$$-x - y = a$$
$$2x + 4z = -a^2$$

c)
$$4x - 2y + z = b$$
$$5x + 3y - 2z = b$$
$$3x - 7y + 4z = 2b$$

f)
$$x + y + bz = 1$$
$$x + 2y + 2bz = b + 1$$
$$2x + y = 2 - 2b$$

Aufgabe 4.12

Für welche(s) c hat das Gleichungssystem

$$x + 3y \qquad = -1$$
$$x - y + c^2 z = -2$$
$$-x + y - 4z = c$$

a) unendlich viele Lösungen?

b) keine Lösung?

c) genau eine Lösung?

d) Wie lautet die Lösung des Gleichungssystems für $c = 0$?

Aufgabe 4.13

Für welche(s) c hat das lineare Gleichungssystem

$$x + 2y + 3z = -c$$
$$- y + c^2 z = -2$$
$$x + 3y + 2z = 0$$

a) keine Lösung?

b) genau eine Lösung?

c) Was ist die Lösungsmenge für $c = 1$?

Aufgabe 4.14

Für welche(s) c hat das lineare Gleichungssystem

$$x + y + cz = 1$$
$$2x + 2cy + 2z = 2$$
$$3cx + 3y + 3z = 3$$

a) unendlich viele Lösungen?

b) keine Lösung?

c) Was ist die Lösungsmenge für $c = 1$?

Aufgabe 4.15

Für welche(s) c hat das Gleichungssystem

$$x + 2cy + 3z = c$$
$$y + z = 1$$
$$x + c^2z = -1$$

a) unendlich viele Lösungen?

b) keine Lösung?

c) genau eine Lösung?

d) Wie lautet die Lösungsmenge des Gleichungssystems für $c = -1$?

Aufgabe 4.16

Für welche(s) c hat das lineare Gleichungssystem

$$x - y = 0$$
$$-x + 2y + c^2z = c - 2$$
$$- y - z = c^2$$

a) keine Lösung?

b) genau eine Lösung?

c) unendlich viele Lösungen?

d) Wie lautet die Lösungsmenge des Gleichungssystems für $c = -2$?

5. Folgen, Summen und Reihen

Allgemeine Folgen

Aufgabe 5.1
Wie lauten die ersten vier Folgeglieder?

a)
$$a_n = 3n - 2$$

b)
$$a_n = \frac{1}{n^2}$$

c)
$$a_n = \frac{n^2}{n+2}$$

d)
$$a_n = (-1)^{n-1}$$

e)
$$a_n = (-1)^n \cdot \frac{n-1}{n}$$

f)
$$a_n = \frac{4n^2 - 2n}{n^2 + 2}$$

Aufgabe 5.2
Wie lauten die ersten fünf Folgeglieder?

a)
$$a_n = 1 - (-1)^{n+1}$$

b)
$$a_n = \begin{cases} n-1, & \text{für } n \text{ ungerade} \\ n^2, & \text{für } n \text{ gerade} \end{cases}$$

Aufgabe 5.3
Wie lauten die Bildungsgesetze?

a)
$$(2, 4, 6, 8, \dots)$$

b)
$$(1, 8, 27, 64, \dots)$$

c)
$$\left(1, \frac{1}{8}, \frac{1}{27}, \frac{1}{64}, \dots\right)$$

d)
$$(3, 7, 11, 15, \dots)$$

e)
$$(-1, 2, -3, 4, \dots)$$

f)
$$\left(1, -\frac{1}{2}, \frac{1}{3}, -\frac{1}{4}, \dots\right)$$

Aufgabe 5.4
Was ist der kleinste Index n_0, von dem an alle Folgenglieder der streng monoton fallenden Folge

$$a_n = \frac{1}{n^3}$$

kleiner sind als 10^{-6}?

Aufgabe 5.5

Man zeige, dass die Folge

$$a_n = \frac{2n-1}{2n}$$

a) streng monoton wachsend,

b) nach unten durch $s_u = \frac{1}{2}$ beschränkt,

c) nach oben durch $S_o = 1$ beschränkt

ist.

Aufgabe 5.6

Man zeige, dass die Folge

$$a_n = \frac{3n-2}{2+4n}$$

a) streng monoton wachsend,

b) nach unten durch $s_u = \frac{1}{6}$ beschränkt,

c) nach oben durch $S_o = \frac{3}{4}$ beschränkt

ist.

d) Warum folgt aus der erfolgreichen Bearbeitung von a) – c) dass die Folge konvergent ist?

e) Was ist der Grenzwert der Folge?

f) Von welchem Index n_0 an haben alle Folgenglieder einen Abstand $d \leq \frac{1}{10000}$ vom Grenzwert?

Aufgabe 5.7

Die Folge

$$a_n = \frac{1}{n^2}$$

ist eine Nullfolge, d.h. sie konvergiert gegen den Grenzwert 0. Von welchem Index n_0 an haben alle Folgenglieder einen Abstand $< \frac{1}{10000}$ von der 0 ?

Aufgabe 5.8

Sind die Folgen konvergent oder divergent? Man berechne den Limes für $n \to \infty$ und gebe ggf. den Grenzwert g an.

a)
$$a_n = \frac{n^3 + 2n^2 - 1}{2n^3 - n + 2}$$

c)
$$a_n = \frac{n^4 + 2n^3 - 1}{3n^4 - n^3 + 2}$$

e)
$$a_n = \frac{n^4 + 3}{2n^3 - n^2}$$

b)
$$a_n = \frac{3n^4 - n^2 + 1}{1 - 4n^4}$$

d)
$$a_n = \frac{2n^3 - 1}{3n^4 - n^3 + 1}$$

f)
$$a_n = \frac{n^4 + 1}{3 - 2n^4}$$

Aufgabe 5.9

Man berechne, wenn möglich, die Grenzwerte g der folgenden Zahlenfolgen.

a)
$$a_n = \frac{2\sqrt{n} - 1}{3(\sqrt{n} + 1)}$$

b)
$$a_n = \frac{\sqrt{n}}{n + 2}$$

c)
$$a_n = \sqrt{\frac{n^3 - n^2}{2n^3}}$$

Arithmetische Folgen

Aufgabe 5.10

Vom wievielten Folgenglied an sind die Glieder der arithmetischen Folge

$$(3, 7, 11, 15, \dots)$$

größer als 1000 ?

Aufgabe 5.11

Zu den gegebenen zwei Folgegliedern ist das Bildungsgesetz der zugehörigen arithmetischen Folge sowie das jeweils genannte spezielle Folgeglied gesucht.

a)

$a_5 = 36, a_{10} = 76$

$a_{100} = ?$

b)

$a_{10} = 25, a_{21} = 58$

$a_{40} = ?$

Aufgabe 5.12

Zwischen 394 und 410 sollen 3 Zahlen eingefügt werden, so dass eine arithmetische Folge entsteht. Wie lauten die Zahlen?

Aufgabe 5.13

Das dritte Folgeglied einer arithmetischen Folge ist 20, das achte ist 60.

a) Wie lautet das Bildungsgesetz der Folge?

b) Was ist das 73. Folgenglied?

c) Das wievielte Folgeglied ist 2956?

Geometrische Folgen

Aufgabe 5.14

Vom wievielten Folgenglied an sind die Glieder der geometrischen Folge

$$(4, 8, 16, 32, \dots)$$

größer als 2000?

Aufgabe 5.15

Zu den zwei gegebenen Folgegliedern ist das Bildungsgesetz der zugehörigen geometrischen Folge sowie das genannte spezielle Folgeglied gesucht.

a)

$a_2 = 6, \ a_9 = 768$

$a_{20} = ?$

b)

$a_2 = 1, \ a_9 = 16384$

$a_{12} = ?$

Aufgabe 5.16

Zwischen 3 und 96 sollen 4 Zahlen eingefügt werden, so dass eine geometrische Folge entsteht. Wie lauten die Zahlen?

Aufgabe 5.17

Das zweite Folgenglied einer geometrischen Folge ist 12, das siebte ist 2916.

a) Wie lautet das Bildungsgesetz der Folge?

b) Was ist das 6. Folgenglied?

c) Das wievielte Folgenglied ist 78732?

Aufgabe 5.18

Radium 226 hat eine Halbwertszeit von ca. 1600 Jahren. Nach welcher Zeit ist von 2 g Radium nur noch 1 mg übrig?

Aufgabe 5.19

Ein Lichtstrahl wird von einem Spiegel reflektiert und verliert dabei 5% seiner Helligkeit. Der reflektierte Strahl wird erneut von einem Spiegel reflektiert und verliert wiederum 5% seiner Helligkeit usw.

a) Wie viel Prozent seiner Helligkeit besitzt der Strahl nach 8-maliger Reflexion?

b) Wie oft ist der Strahl reflektiert worden, wenn er erstmalig weniger als 20% seiner ursprünglichen Helligkeit besitzt?

Summen und Reihen

Aufgabe 5.20

Wie lauten die Summen, wenn sie ohne Summenzeichen geschrieben werden? Es ist an dieser Stelle nicht erforderlich die Summen auszurechnen.

a)
$$\sum_{k=0}^{5} \frac{2k}{k!}$$

b)
$$\sum_{k=0}^{5} \frac{2k+1}{(2k)!}$$

c)
$$\sum_{l=1}^{5} \frac{2l-1}{l^3}$$

d)
$$\sum_{n=0}^{4} (-1)^n \frac{1}{(n+1)^2}$$

e)
$$\sum_{n=0}^{4} (-1)^{n+1} \frac{1}{(n+1)^3}$$

f)
$$\sum_{k=3}^{8} \frac{(-1)^k}{k^2}$$

Aufgabe 5.21

Wie können die Summen mithilfe des Summenzeichens formuliert werden?

a)
$$1 + \frac{1}{2} + \frac{1}{3} + \cdots + \frac{1}{10}$$

b)
$$-1 + \frac{1}{2} - \frac{1}{3} + \frac{1}{4} - + \cdots + \frac{1}{10}$$

c)
$$\frac{1}{2} - \frac{1}{4} + \frac{1}{6} - \frac{1}{8}$$

d)
$$2 + 8 + 32 + 128$$

e)
$$1 + 2 + \frac{3}{2} + \frac{4}{6} + \frac{5}{24} + \frac{6}{120}$$

f)
$$\frac{1}{4} + \frac{2}{9} + \frac{3}{16} + \cdots + \frac{9}{100}$$

g)
$$\frac{1}{10} - \frac{1}{100} + \frac{1}{1000} - \frac{1}{10000} + \cdots - \frac{1}{100\,000\,000}$$

Aufgabe 5.22

Was ist der Summenwert?

a)
$$\sum_{k=1}^{4} \frac{1}{k}$$

b)
$$\sum_{n=4}^{6} n^2$$

c)
$$\sum_{k=1}^{5} (-1)^k \cdot \frac{1}{k}$$

d)
$$\sum_{k=1}^{10} \frac{2}{3^k}$$

e)
$$\sum_{k=1}^{1000} 2$$

f)
$$\sum_{k=100}^{200} k$$

Aufgabe 5.23

Wie können die folgenden Reihen mithilfe des Summenzeichens formuliert werden?

a)
$$1 + 2 + 3 + 4 + \ldots$$

b)
$$1 + 2 + 4 + 8 + \ldots$$

c)
$$\frac{1}{3} + \frac{1}{9} + \frac{1}{27} + \frac{1}{81} + \ldots$$

d)
$$-1 + 4 - 9 + 16 - + \ldots$$

e)

$$\frac{1}{2} - \frac{1}{3} + \frac{1}{4} - \frac{1}{5} + - \ldots$$

f)

$$-\frac{1}{2} + \frac{1}{6} - \frac{1}{12} + \frac{1}{20} - + \ldots$$

Aufgabe 5.24

Sind die folgenden Reihen konvergent? Wenn ja, welchen Wert haben die Reihen?

a)

$$\sum_{k=1}^{\infty} (k + 1)$$

c)

$$\sum_{k=1}^{\infty} \frac{3}{2^k}$$

e)

$$\sum_{k=1}^{\infty} \frac{3}{k^2}$$

b)

$$\sum_{k=1}^{\infty} \left(\frac{1}{4}\right)^k$$

d)

$$\sum_{k=1}^{\infty} (-1)^k$$

f)

$$\sum_{k=1}^{\infty} \frac{1}{k!}$$

Aufgabe 5.25

Sind die folgenden geometrischen Reihen konvergent? Wenn ja, welchen Wert haben die Reihen?

a)

$$\sum_{k=1}^{\infty} 3 \cdot \frac{1}{5^{k-1}}$$

c)

$$\sum_{k=1}^{\infty} 7 \cdot 0{,}5^{k-1}$$

e)

$$\sum_{k=1}^{\infty} \left(-\frac{1}{2}\right)^{k-1}$$

b)

$$\sum_{k=1}^{\infty} 4 \cdot 3^{k-1}$$

d)

$$\sum_{k=1}^{\infty} \frac{3^{k-1}}{2}$$

f)

$$\sum_{k=1}^{\infty} 4 \cdot \left(\frac{3}{2}\right)^{k-1}$$

Aufgabe 5.26

Mäxchen baut einen Turm mit Bauklötzchen. Der erste Klotz ist 10 cm hoch, jeder weitere Klotz ist nur noch $\frac{3}{4}$ so hoch wie der darunterliegende. Wie hoch kann der Turm (ungeachtet der physikalischen Gegebenheiten) höchstens werden?

Gemischte Aufgaben

Aufgabe 5.27
Man zeige, dass die Folge

$$a_n = (-1)^n \cdot \frac{n^3 + 2n^2}{4 + n^3}$$

beschränkt ist.

Aufgabe 5.28
Zu den beschriebenen Folgen ist jeweils die Summe s_n der ersten n Folgeglieder gesucht.

a)
$$a_n = 4n - 5, \ s_{200} =?$$

c)
$$(8, 4, 2, 1, \dots), \ s_{10} =?$$

b)
$$a_n = \frac{4}{2^{n-1}}, \ s_{20} =?$$

d)
$$(1, 9, 17, 25, \dots), \ s_{100} =?$$

Aufgabe 5.29
Welchen Wert haben die Summen und Reihen?

a)
$$\sum_{k=1}^{100} (4k - 2)$$

b)
$$\sum_{k=1}^{20} \frac{2k}{5}$$

c)
$$\sum_{k=1}^{\infty} \frac{6}{\pi k^2}$$

d)
$$\sum_{k=1}^{\infty} \frac{1}{3^k}$$

Aufgabe 5.30
Gesucht ist jeweils die Bruchdarstellung des genannten periodischen Dezimalbruchs.

a)
$$0,\overline{2}$$

b)
$$0,1\overline{3}$$

c)
$$0,\overline{25}$$

d)
$$1,\overline{123}$$

Aufgabe 5.31

Ein Künstler möchte mit rechteckigen, farbigen Kacheln gleicher Art ein Mosaik herstellen. Es soll keine zwei Kacheln gleicher Größe geben. Die erste Kachel ist 40 cm lang und 20 cm breit und wiegt 1 kg. Jede weitere hat nur 80% der Größe der vorherigen.

a) Wie groß ist die zehnte Kachel?

b) Wie viel Quadratzentimeter Kachel hat er verarbeitet, wenn er die zehnte Kachel fixiert hat?

c) Wie viel kg wiegt die elfte Kachel?

Aufgabe 5.32

Für den Bau eines 40 m tiefen Brunnens wird eine Bohrung durchgeführt. Für den ersten Meter werden 20 min benötigt und für jeden weiteren Meter 5 min mehr als für den vorherigen.

a) Man gebe ein Bildungsgesetz einer Folge an, mit der der Zeitbedarf pro Meter beschrieben werden kann.

b) Wie lange dauert die Bohrung des dreißigsten Meters?

c) Wie lange dauert die Bohrung des gesamten Brunnens?

Der erste Meter kostet 30,- EUR, jeder weitere 20% mehr als der vorherige.

d) Man gebe ein Bildungsgesetz einer Folge an, mit der die Kosten pro Meter beschrieben werden können.

e) Wie teuer ist der dreißigste Meter?

f) Wie teuer ist die Bohrung des insgesamt 40 m tiefen Brunnens?

Aufgabe 5.33

Der mittlere Luftdruck nimmt mit zunehmender Höhe in etwa geometrisch ab. Auf Meereshöhe beträgt er ca. 1013,25 mbar, in 300 m Höhe ca. 977,73 mbar.

   a)   Gesucht ist ein Bildungsgesetz einer Folge, mit welcher der Luftdruck in Abhängigkeit vom Höhenzuwachs beschrieben werden kann. Man zähle den Höhenunterschied in 100m-Schritten.

   b)   Welcher Luftdruck herrscht demnach auf dem ca. 4800 m hohen Mont Blanc?

   c)   In welcher Höhe liegt ein Ort, an dem der Luftdruck 920 mbar beträgt?

Aufgabe 5.34

In einer Lagerhalle liegen Rohre in der abgebildeten Weise gestapelt.

  a) Gesucht ist ein Bildungsgesetz, mit dem die Anzahl der Rohre pro Schicht beschrieben werden kann.

  b) Wie viele Rohre befinden sich in der siebten Schicht von oben?

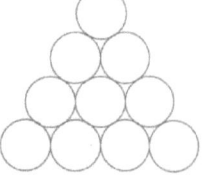

  c) Wie viele Rohre können gestapelt werden, wenn in der untersten Lage achtzehn Rohre liegen?

  d) Wie viele Rohre müssen in der untersten Lage liegen, wenn 231 Rohre gestapelt werden sollen?

Aufgabe 5.35

Ein Gummiball prallt aus 2 m Höhe auf den Boden, prallt 80% seiner Fallhöhe wieder hoch, fällt wieder hinunter und prallt wieder 80% seiner Fallhöhe wieder hoch usw.

a) Gesucht ist ein Bildungsgesetz einer Folge, mit dem die Rückprallhöhen beschrieben werden können.

b) Wie viel Meter hat der Ball durch seine Auf- und Abwärtsbewegungen zurückgelegt, wenn er zum 10. Mal auf dem Boden ankommt?

c) Ist es möglich, dass der Ball irgendwann, nachdem er hinreichend oft auf- und zurückgeprallt ist, insgesamt mehr als 18,5 m zurückgelegt hat?

Aufgabe 5.36

Mäxchen baut mal wieder einen Turm mit seinen Bauklötzchen. Der erste Klotz hat die Höhe h. Jeder weitere ist halb so hoch wie der darunter liegende.

a) Gesucht ist ein Bildungsgesetz einer Folge, mit der die Höhen der einzelnen Klötzchen beschrieben werden können.

b) Wie hoch kann der Turm (ungeachtet der physikalischen Gegebenheiten) höchstens werden?

c) Wie hoch kann der Turm höchstens werden, wenn der erste Klotz 20 cm hoch ist?

Aufgabe 5.37

Anlässlich einer Bundesgartenschau soll eine Treppe auf einen Blumenhügel so gestaltet werden, dass die Stufen nach oben hin immer flacher werden. Die erste Stufe hat eine Höhe h. Jede folgende Stufe soll $\frac{4}{5}$ der Höhe der vorherigen Stufe haben.

a) Die Höhe der ersten Stufe betrage 40 cm.

- Man gebe ein Bildungsgesetz der Folge an, die die Höhe der einzelnen Stufen beschreibt.

- Wie hoch kann die Treppe höchstens werden?

b) Wie hoch müsste die erste Stufe sein, damit mit 9 Stufen eine Höhe von 2,08 m erreicht würde?

Aufgabe 5.38

Ein Unternehmen produziert im ersten Jahr seiner Gründung 10000 Stück eines Produktes. In den folgenden Jahren steigert es die Produktion um jeweils 10%.

a) Man beschreibe die jährliche Produktionsmenge mit einem Bildungsgesetz.

b) Welche Stückmenge wird im achten und im zehnten Jahr nach der Gründung produziert?

c) Wie viel Stück von dem Produkt werden in den ersten zehn Jahren insgesamt produziert?

6. Reelle Funktionen

Allgemeine Funktionseigenschaften

Aufgabe 6.1

Handelt es sich um Graphen reeller Funktionen $y = y(x)$?

a)

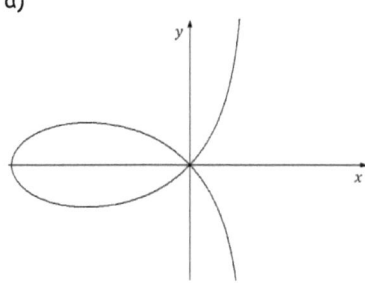

b)

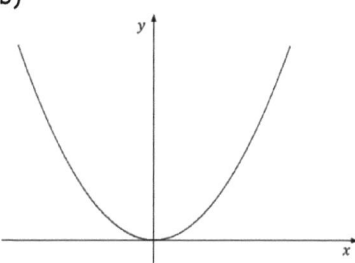

c)

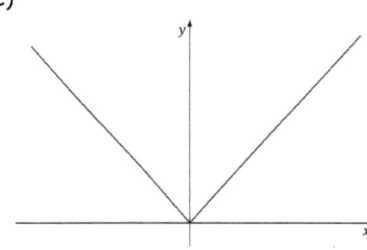

d)

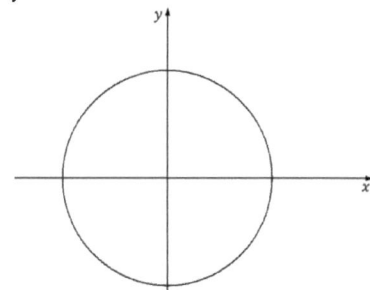

e)

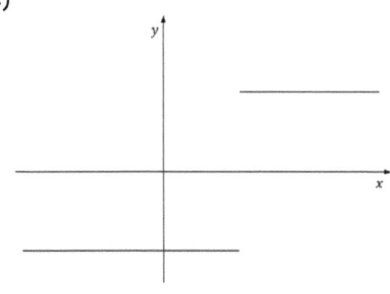

f)

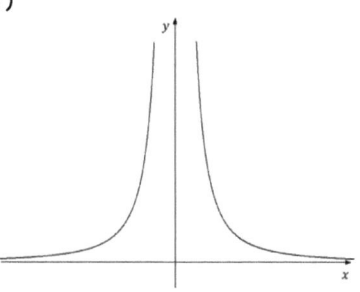

Aufgabe 6.2

Was sind die (maximalen) Definitionsbereiche D_f der folgenden Funktions-
gleichungen?

a)
$$f(x) = \frac{x+1}{x^2-4}$$

c)
$$f(x) = \frac{\cos x}{\sin x}$$

e)
$$f(x) = \frac{\sqrt{x}}{x^2-4}$$

b)
$$f(x) = \frac{x+1}{\sqrt{x}}$$

d)
$$f(x) = \frac{e^x}{x^2+1}$$

f)
$$f(x) = \frac{\ln x}{x-1}$$

Aufgabe 6.3

Haben die folgenden Funktionen Nullstellen? Wenn ja, welche?

a)
$$f(x) = |x+1|$$

d)
$$f(x) = \frac{\sqrt{x^2-1}}{x-1}$$

b)
$$f(x) = |x-2| - 1$$

e)
$$f(x) = \sqrt{x^2-4} - 2\sqrt{x+2}$$

c)
$$f(x) = \frac{|x|+1}{x}$$

f)
$$f(x) = \sqrt{\sqrt{x+1}-5} - 2$$

Aufgabe 6.4

Haben die folgenden Funktionen Nullstellen? Wenn ja, welche?

a)
$$f(x) = e^{x^2-4} - 1$$

c)
$$f(x) = (x^2-9)e^{x^2+1}$$

e)
$$f(x) = e^{6x} - e^{3x}$$

b)
$$f(x) = x^2 e^{x-1}$$

d)
$$f(x) = (x^2+1)e^x$$

f)
$$f(x) = e^{4x} - 2e^{2x} - 3$$

Aufgabe 6.5

Haben die folgenden Funktionen Nullstellen? Wenn ja, welche?

a)

$$f(x) = \ln(x^2 - 3)$$

c)

$$f(x) = (x + 1)^2 \ln x$$

e)

$$f(x) = \ln \ln x$$

b)

$$f(x) = x^2 \ln(x - 2)$$

d)

$$f(x) = (x^2 - 1) \ln(x + 3)$$

f)

$$f(x) = \frac{\ln x}{(x - 1)^2}$$

Aufgabe 6.6

Man gebe sämtliche Nullstellen der Sinus- und der Kosinus-Funktion an.

Aufgabe 6.7

Man skizziere die Graphen der folgenden reellen Funktionen.
Sind die Funktionen gerade, ungerade oder weder gerade noch ungerade?

a)

$$f(x) = \begin{cases} 1, & x > 0 \\ 0, & x = 0 \\ -1, & x < 0 \end{cases}$$

b)

$$f(x) = \begin{cases} x, & x \geq 0 \\ -x, & x < 0 \end{cases}$$

c)

$$f(x) = \begin{cases} 1, & |x| \leq 1 \\ 0, & |x| > 1 \end{cases}$$

d)

$$f(x) = \begin{cases} -1, (2k - 1)\pi < x < 2k\pi \\ 1, 2k\pi < x < (2k + 1)\pi \end{cases}, k \in \mathbb{Z}$$

e)

$$f(x) = 2x \text{ für } 0 \leq x < 2, \text{ 2-periodisch fortgesetzt}$$

Aufgabe 6.8

Sind die folgenden Funktionen gerade, ungerade oder weder gerade noch ungerade? Was bedeutet die jeweilige Eigenschaft für den Graphen?

a)
$$f(x) = 2x^3 - x$$

c)
$$f(x) = -\frac{x^3}{x^4 - 2x}$$

e)
$$f(x) = -\frac{e^{x^2}}{x^3}$$

b)
$$f(x) = 3x^2 + 1$$

d)
$$f(x) = e^{x^3}$$

f)
$$f(x) = \cos(x^3)$$

Aufgabe 6.9

Zur Funktion

$$f: \mathbb{R} \to \mathbb{R}, f(x) = \frac{1}{2}x^3$$

ist

a)
die Umkehrfunktion $f^{-1}(x)$

b)
$f^{-1}(4)$

gesucht.

Aufgabe 6.10

Zur Funktion

$$f: \mathbb{R} \to \mathbb{R}^+, f(x) = 3^{x+1}$$

ist

a)
die Umkehrfunktion $f^{-1}(x)$

b)
$f^{-1}(9)$

gesucht.

Rationale Funktionen

Aufgabe 6.11

Zu den folgenden ganzrationalen Funktionen sind sämtliche Nullstellen und deren Vielfachheit, sowie die aus reellen Elementarfaktoren bestehende Produktdarstellung gesucht.

a)
$$f(x) = x^3 + 3x^2 - 25x + 21$$

d)
$$f(x) = x^3 + 2x^2 - 9x - 18$$

b)
$$p(x) = x^3 - 3x - 2$$

e)
$$p(x) = x^5 + x^4 - 2x^3 - 2x^2 + x + 1$$

c)
$$f(x) = x^3 - 19x - 30$$

f)
$$f(x) = x^4 - 2x^3 + 2x^2 - 2x + 1$$

Aufgabe 6.12

Zu den folgenden ganzrationalen Funktionen sind sämtliche Nullstellen und deren Vielfachheit, sowie die aus reellen Elementarfaktoren bestehende Produktdarstellung gesucht.

a)
$$f(x) = 4x^3 + 24x^2 + 48x + 32$$

d)
$$f(x) = 2x^4 + 8x^3 - 6x^2 - 36x$$

b)
$$f(x) = \frac{1}{2}x^3 - \frac{7}{2}x^2 - 2x + 14$$

e)
$$f(x) = 3x^4 - 30x^2 + 27$$

c)
$$f(x) = 3x^3 - 36x + 48$$

f)
$$f(x) = 2x^4 + 8x^3 + 10x^2 + 8x + 8$$

Aufgabe 6.13

Die folgenden Polynome zerlege man vollständig in (komplexe) Linearfaktoren.

a)
$$p(x) = x^5 - x^4 + 5x^3 - 5x^2 - 36x + 36$$

b)
$$p(x) = x^3 - 2x + 4$$

Aufgabe 6.14

Man gebe die Definitionsbereiche der folgenden gebrochenrationalen Funktionen an und untersuche sie auf Polstellen und stetig hebbare Definitionslücken.

a)
$$f(x) = \frac{2x - 4}{x^2 - x + 2}$$

c)
$$f(x) = \frac{2x + 4}{x^2 + x - 2}$$

b)
$$f(x) = -\frac{x^3 + x^2}{x^2 - x}$$

d)
$$f(x) = \frac{x^2 - 4x + 4}{x^2 - 4}$$

Aufgabe 6.15

Gesucht ist jeweils die Gleichung der Asymptoten, die das Verhalten der Funktion im Unendlichen (also für $x \to \pm\infty$) beschreibt.

a)
$$f(x) = \frac{x}{x^2 + 1}$$

c)
$$f(x) = \frac{x^4 + x^3 - 1}{x^3 + 1}$$

e)
$$f(x) = \frac{x^3 + x - 1}{x - 1}$$

b)
$$f(x) = \frac{x^3 - 2x^4}{2x^4 + 3}$$

d)
$$f(x) = \frac{3x^2 + x}{4x^2 + 3x}$$

f)
$$f(x) = \frac{x - 3}{x^2}$$

Aufgabe 6.16

Zu den folgenden gebrochen rationalen Funktionen bestimme man

- Definitionsbereich

- evtl. Polstellen und stetig hebbare Definitionslücken

- die Gleichung der Asymptoten für $x \to \pm\infty$

a)
$$f(x) = -\frac{x^2 + 3}{x^2 - x}$$

b)
$$f(x) = \frac{x + 1}{x^2 - 2x + 1}$$

c)
$$f(x) = \frac{x^2 + 2x + 1}{2x - 4}$$

d)
$$f(x) = \frac{x^2 + x - 6}{x^2 - 3x + 2}$$

e)
$$f(x) = \frac{x^2 - x - 2}{x^3 + 2x^2 + x}$$

Spezielle Funktionen

Aufgabe 6.17

Welcher Graph gehört zur genannten Funktion?

1. Einsfunktion

$f: \mathbb{R} \to \{1\}$

$f(x) = 1$

2. 1. Winkelhalbierende

$f: \mathbb{R} \to \mathbb{R}$

$f(x) = x$

3. 2. Winkelhalbierende

$f: \mathbb{R} \to \mathbb{R}$

$f(x) = -x$

4. Betragsfunktion

$f: \mathbb{R} \to \mathbb{R}_0^+$

$f(x) = \begin{cases} x & ,x \geq 0 \\ -x & ,x < 0 \end{cases}$

5. Sprungfunktion

$f: \mathbb{R} \to \{0, 1\}$

$f(x) = \begin{cases} 0 & ,x < 0 \\ 1 & ,x \geq 0 \end{cases}$

6. Vorzeichenfunktion

$\text{sign}: \mathbb{R} \to \{-1, 0, 1\}$

$\text{sign}(x) = \begin{cases} 1 & ,x > 0 \\ 0 & ,x = 0 \\ -1 & ,x < 0 \end{cases}$

a)

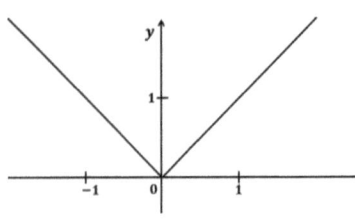

b)

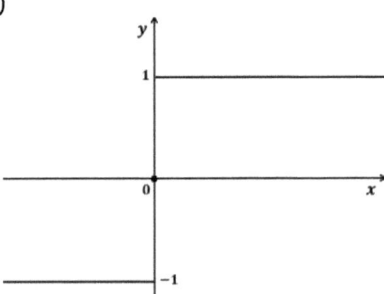

c)

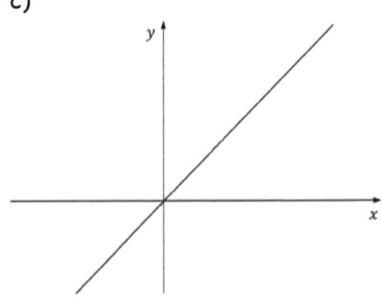

d)

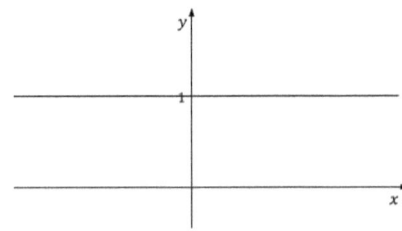

e)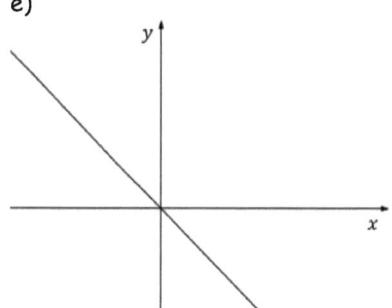

f)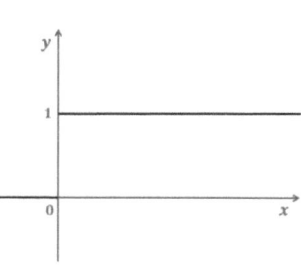

Aufgabe 6.18

Welcher Graph gehört zur genannten Funktion?

1. Normalparabel

$f: \mathbb{R} \to \mathbb{R}_0^+$

$f(x) = x^2$

2. Kubische Parabel

$f: \mathbb{R} \to \mathbb{R}$

$f(x) = x^3$

3. Hyperbel

$f: \mathbb{R} \setminus \{0\} \to \mathbb{R} \setminus \{0\}$

$f(x) = \dfrac{1}{x}$

4. Quadratwurzel

$f: \mathbb{R}_0^+ \to \mathbb{R}_0^+$

$f(x) = \sqrt{x}$

5. Natürliche Exponentialfunktion

$f: \mathbb{R} \to \mathbb{R}^+$

$f(x) = e^x$

6. Natürliche Logarithmusfunktion

$f: \mathbb{R}^+ \to \mathbb{R}$

$f(x) = \ln x$

a)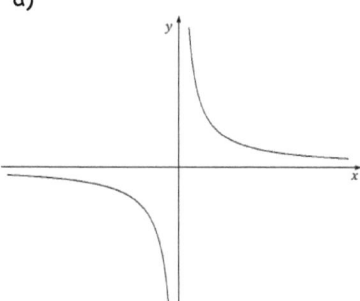

b)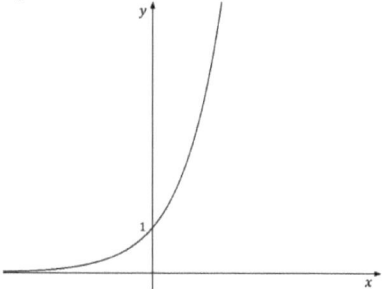

c)

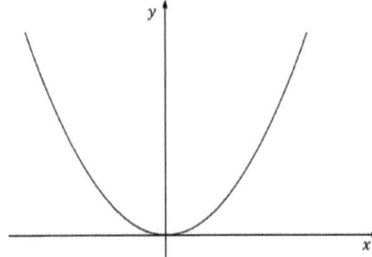

d)

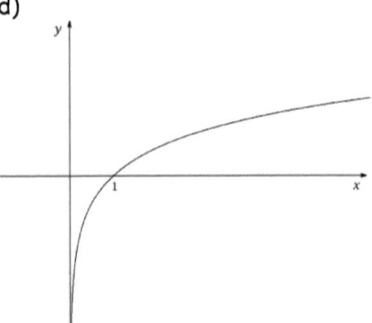

e)

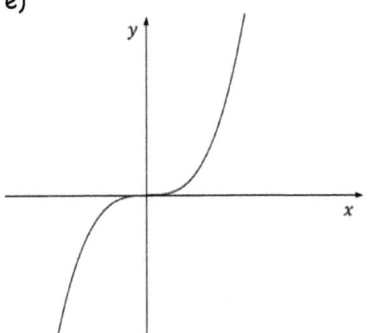

f)

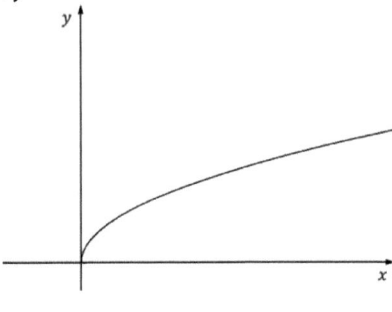

Aufgabe 6.19

Die folgenden Abbildungen stellen Graphen trigonometrischer Funktionen und Graphen von Arkusfunktionen dar. Welche Graphen sind abgebildet?

a)

b)

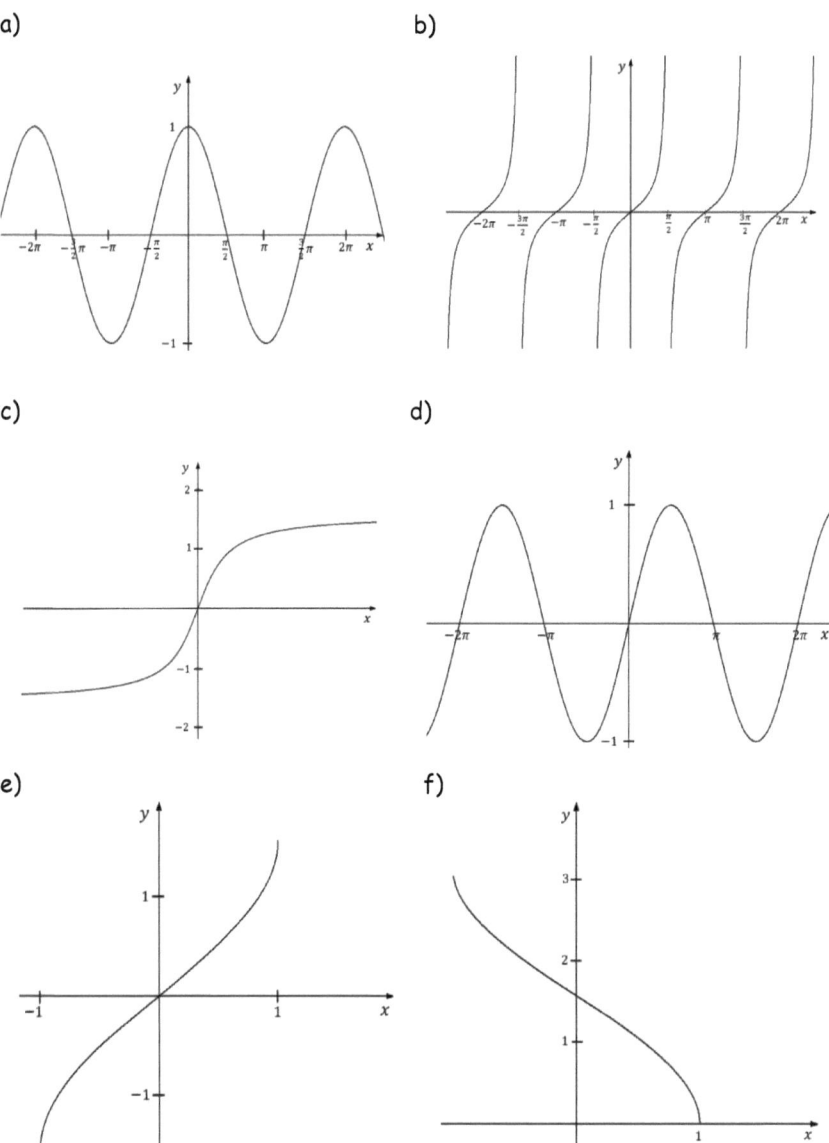

c)

d)

e)

f)

Gemischte Aufgaben

Aufgabe 6.20

Welche Funktionseigenschaften können rein anschaulich den Abbildungen entnommen werden?

- Ist die Funktion stetig auf dem abgebildeten Intervall?
- Hat die Funktion Nullstellen?
- Ist die Funktion (streng) monoton wachsend oder (streng) monoton fallend?
- Ist die Funktion nach unten oder nach oben beschränkt? Ist sie beschränkt oder unbeschränkt?
- Ist die Funktion gerade, ungerade oder keines von beidem?

a)

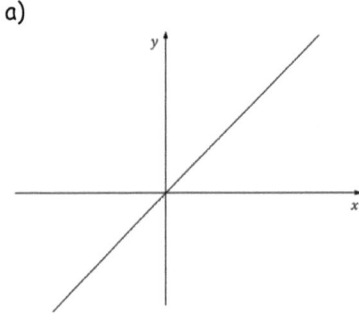

b)

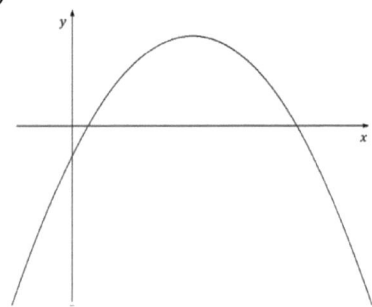

c)

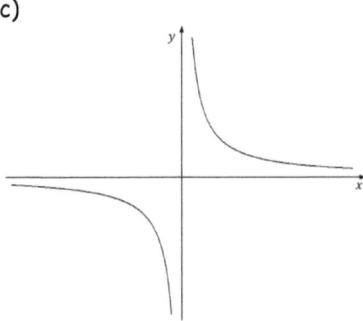

d)

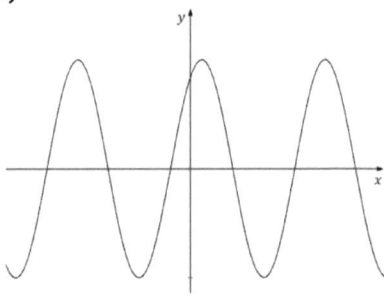

e)   f)

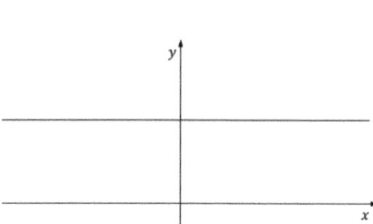   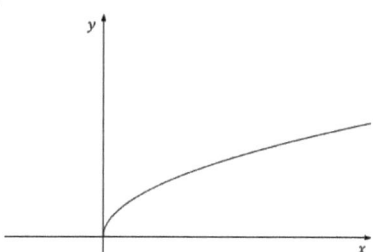

Aufgabe 6.21

Man gebe sämtliche Lösungen der Gleichung

$$\cos x = -1$$

an.

Aufgabe 6.22

Für die folgenden gebrochenrationalen Funktionen bestimme man

- den maximalen Definitionsbereich

- eventuell vorhandene Nullstellen

- eventuell vorhandene stetig hebbare Definitionslücken und Polstellen

- die Gleichung der Asymptoten, die das Verhalten der Funktion im Unendlichen beschreibt.

a)   b)

$$f(x) = \frac{2x^2 - 2}{x^3 - x}$$ $$f(x) = \frac{x^3 - 2x^2 - x + 2}{x^2 - 2x}$$

Aufgabe 6.23

Zu den gegebenen Funktionen sind

- der (maximale) Definitionsbereich

- eventuelle Nullstellen

- Symmetrieeigenschaften der Graphen

- eventuell vorhandene stetig hebbare Definitionslücken und Polstellen

- Asymptotengleichungen für $x \to \pm\infty$

gesucht.

a)
$$f(x) = \frac{x^4 - 16}{x^2 + 1}$$

c)
$$f(x) = \frac{x^3 - x}{x^2}$$

b)
$$f(x) = \frac{x}{x^3 - x}$$

d)
$$f(x) = \frac{x^3 - x}{x^5 - x^3}$$

7. Differentialrechnung

Ableitungen

Bei den Aufgaben 7.1 - 7.8 ist zu den genannten Funktionen stets die 1. Ableitung gesucht.

Aufgabe 7.1

a)
$$f(x) = x^3$$

b)
$$f(x) = \frac{1}{x^7}$$

c)
$$f(x) = \sqrt[4]{x}$$

d)
$$f(x) = \sqrt[3]{x^2}$$

e)
$$f(x) = \frac{1}{\sqrt{x}}$$

f)
$$f(x) = \frac{1}{\sqrt[3]{x^2}}$$

Aufgabe 7.2

a)
$$f(x) = \frac{3}{x^2}$$

b)
$$f(x) = \frac{4}{\sqrt[3]{x}}$$

c)
$$f(x) = 4\log_3 x$$

d)
$$f(x) = 3 \cdot 2^x$$

e)
$$f(x) = 3\arcsin x$$

f)
$$f(x) = \frac{\arctan x}{2}$$

Aufgabe 7.3

a)
$$f(x) = \frac{2}{3}x^3 + 4x^2 - x + 1$$

b)
$$f(x) = x + \frac{2}{x^3}$$

c)
$$f(x) = 2\sqrt[3]{x^2} + 4\sqrt[4]{x^3}$$

d)
$$f(x) = \frac{3}{x^4} - \frac{2}{\sqrt{x}} - 1$$

e)
$$f(x) = 4x^2 - 2\sqrt[3]{x^2} + \frac{1}{2x^2}$$

f)
$$f(x) = 3\sqrt[3]{x^2} + \frac{1}{x} - \frac{2}{\sqrt{x}}$$

Aufgabe 7.4

a)
$$f(x) = x^2 \ln x$$

b)
$$f(x) = x^3 e^x$$

c)
$$f(x) = x \cos x$$

d)
$$f(x) = \sin x \cdot \cos x$$

e)
$$f(x) = \frac{4x}{x^2 + 4}$$

f)
$$f(x) = \frac{x^2}{x^3 - 1}$$

g)
$$f(x) = \frac{\sin x}{x}$$

h)
$$f(x) = \frac{\sin x}{\cos x}$$

i)
$$f(x) = \frac{\ln x}{x^2}$$

Aufgabe 7.5

a)
$$f(x) = \sin(x^2 + 1)$$

b)
$$f(x) = \sin(2x^3)$$

c)
$$f(x) = (2x - 1)^{18}$$

d)
$$f(x) = \sqrt{x^2 - x + 2}$$

e)
$$f(x) = \ln(x^2)$$

f)
$$f(x) = e^{x^2 + x}$$

g)
$$f(t) = e^{\sin 2t}$$

h)
$$f(x) = \cos^3 x$$

i)
$$f(x) = 3 \cdot 10^{2x}$$

Aufgabe 7.6

a)
$$f(x) = x^x$$

b)
$$f(x) = x^{\sin x}$$

c)
$$f(x) = (\cos x)^{\sin x}$$

Aufgabe 7.7

a)
$$f(x) = x^2(\ln x - 1)$$

b)
$$f(x) = (x^2 + 1)e^x$$

c)
$$f(x) = x^2 e^{2x+1}$$

d)
$$f(x) = (x + 1)^2 \sin x$$

e)
$$f(x) = \frac{x}{e^{x-1}}$$

f)
$$f(x) = \frac{x \sin x}{e^x}$$

g)
$$f(x) = \frac{3}{2\sqrt[3]{(x^2 - 1)^2}}$$

h)
$$f(x) = 2x e^{-4x^2}$$

i)
$$f(x) = x^3 \ln(4x^2)$$

j)
$$f(x) = \frac{1}{\sin^3 x}$$

k)
$$f(x) = \ln \sqrt{1 - x^2}$$

l)
$$f(x) = \cos^2(4x)$$

Aufgabe 7.8

Die folgenden Funktionen enthalten geeignete Parameter.

a)
$$f(x) = ax^3 + bx^2 - cx + d$$

b)
$$f(x) = \frac{1}{x^s}$$

c)
$$f(x) = \sqrt[n]{x^m}$$

d)
$$f(t) = a \sin(bt) + c \cos(bt)$$

e)
$$f(t) = \sin(at) \cos(bt)$$

f)
$$f(x) = x^n \sin x$$

g)
$$f(x) = a \log_b x$$

h)
$$f(x) = t\sqrt[n]{x^s}$$

i)
$$f(x) = \frac{1}{x - a}$$

j)
$$f(x) = \frac{1}{b - x}$$

k)
$$f(x) = \sqrt{2x + c}$$

l)
$$f(x) = a \sin(bx + c)$$

m)
$$f(x) = e^{kx}$$

n)
$$f(x) = ax e^x$$

o)
$$f(x) = kx^2 - \frac{k}{2}x + k^2$$

p)
$$f(x) = \sin(nx)$$

q)
$$f(x) = 2e^{tx^2-1}$$

r)
$$f(x) = -\frac{1}{t}e^{t-x}$$

Extremwertaufgaben

Aufgabe 7.9
Aus einem 40 cm langen Draht soll ein Rechteck mit möglichst großem Flächeninhalt gebogen werden.

    a) Wie sind Länge und Breite zu wählen, so dass der Flächeninhalt möglichst groß wird?

    b) Wie groß ist der maximale Flächeninhalt?

Aufgabe 7.10
Zur Herstellung eines rechteckigen, geschlossenen Kastens mit quadratischer Grundfläche steht eine 1 m² große Kunststoffplatte zur Verfügung. Wie sind die Seitenlänge a der Grundfläche und die Höhe h zu wählen, so dass das Volumen maximal wird?

Aufgabe 7.11
Ein rechteckiger geschlossener Kasten soll doppelt so hoch wie lang sein und seine Oberfläche soll 432 dm² betragen. Wie sind Länge, Breite und Höhe zu wählen, so dass sein Volumen maximal wird?

Aufgabe 7.12
Es sollen Konservendosen in der Form eines Kreiszylinders mit einem Fassungsvermögen von 785 ml produziert werden. Dabei soll der Blechverbrauch minimal sein.

    a) Wie groß ist der Radius r einer Dose mit minimaler Blechfläche?

    b) Wie groß ist die minimale Blechfläche pro Dose?

Aufgabe 7.13.

Für einen Zylinder mit einem Volumen von 1 VE gelten die folgenden Zusammenhänge:

$$h(r) = \frac{1}{\pi r^2}$$

$$O(r, h) = 2\pi r^2 + 2\pi r h$$

Dabei bezeichnet h die Höhe, r den Radius und O die Oberfläche.

a) Wie muss der Radius r gewählt werden, damit die Oberfläche minimal wird?

b) Was bedeutet der für den Radius berechnete Wert für die Höhe des Zylinders mit minimaler Oberfläche?

Aufgabe 7.14

Die Funktion

$$G(x) = 7000x - 100x^2$$

beschreibt Gewinn in Abhängigkeit vom Verkaufspreis x.

a) Bei welchem Preis wird der Gewinn maximal?

b) Wie groß ist der maximale Gewinn?

Aufgabe 7.15

Zu der gegebenen Preisabsatzfunktion

$$p(x) = 1000 - 4x$$

untersuche man, für welche Absatzmenge x der Umsatz

$$U(p, x) = p \cdot x$$

maximal wird.

Aufgabe 7.16

Ein Unternehmen ist auf den Bau luxuriöser Villen spezialisiert, die es für einen Preis von 12 500 000 EUR verkauft. Bei der Fertigung von x solcher Villen entstehen Kosten in Höhe von

$$K(x) = 10x^3 - 16500x^2 + 9500000x + 90000000.$$

Dem gegenüber steht ein Erlös von

$$E(x) = 12500000x.$$

Ressourcenbedingt können höchstens 1200 solcher Häuser gefertigt werden.

a) Wie lautet die Gewinnfunktion $G(x)$, mit der der Gewinn in Abhängigkeit von der Absatzmenge x beschrieben werden kann?

b) Bei welcher Absatzmenge x wird der Gewinn maximal?

c) Wie groß ist der maximale Gewinn?

Taylor-Polynome

Aufgabe 7.17

Zu der jeweils genannten Funktion f ist das Taylor-Polynom der Ordnung n um den Entwicklungspunkt $x_0 = 0$ zu berechnen. Auch das jeweilige Restglied ist anzugeben.

a)
$$f(x) = \ln(x + 1) , n = 4$$

c)
$$f(x) = x^2 e^x , n = 3$$

b)
$$f(x) = xe^{2x} , n = 3$$

d)
$$f(x) = x \cos x , n = 3$$

Aufgabe 7.18

Zu den genannten Funktionen f sind die Taylor-Polynome dritter Ordnung um den jeweils angegebenen Entwicklungspunkt x_0 zu berechnen.

a)

$$f(x) = x \ln x \, , x_0 = 1$$

b)

$$f(x) = x \sin x \, , x_0 = \pi$$

Aufgabe 7.19

a) Gesucht ist die Taylor-Entwicklung der Funktion $f(x) = \sqrt{e^x}$ nach Potenzen von $x - 2$ bis zu einem Polynom 4. Grades.

b) Mithilfe des Taylor-Polynoms gebe man eine Näherung für $\sqrt{e}$ an und schätze des Fehler ab.

Regeln von L'Hospital

Die Limites in den Aufgaben 7.20 bis 7.23 berechne man mithilfe der Regeln von L`Hospital.

Aufgabe 7.20

a)

$$\lim_{x \to \infty} \frac{3x^2 + x}{1 - 2x^2}$$

c)

$$\lim_{x \to \infty} \frac{\ln x}{x + 1}$$

e)

$$\lim_{x \to \infty} \frac{e^x - 1}{x^2}$$

b)

$$\lim_{x \to \infty} \frac{\sqrt{x}}{\ln x}$$

d)

$$\lim_{x \to \infty} \frac{\ln x + 1}{\ln(4x)}$$

f)

$$\lim_{x \to \infty} \frac{e^x - e^{-x}}{x}$$

Aufgabe 7.21

a)
$$\lim_{x \to 2} \frac{4x - 8}{x^3 - 8}$$

c)
$$\lim_{x \to 3} \frac{x^2 - 9}{x^3 - 3x^2}$$

e)
$$\lim_{x \to -1} \frac{x^2 - 1}{4x + 4}$$

b)
$$\lim_{x \to 3} \frac{2x - 6}{x^3 - 3x^2}$$

d)
$$\lim_{x \to 2} \frac{x - 2}{x^3 - 8}$$

f)
$$\lim_{x \to -3} \frac{x + 3}{27 - x^3}$$

Aufgabe 7.22

a)
$$\lim_{x \to 0} \frac{\sin x - x}{x^2}$$

c)
$$\lim_{x \to 0} \frac{\sin(\pi x)}{x^2 - 2x}$$

e)
$$\lim_{x \to 0} \frac{2 \sin x}{e^x - 1}$$

b)
$$\lim_{x \to 0} \frac{\cos(\pi x) - 1}{x^2}$$

d)
$$\lim_{x \to 0} \frac{\sin x}{4e^x - 4}$$

f)
$$\lim_{x \to 0} \frac{e^x - e^{-x}}{x}$$

Aufgabe 7.23

$n \in \mathbb{N}, a \in \mathbb{R}^{>0}$

a)
$$\lim_{x \to \infty} \frac{\ln x + 1}{x^n}$$

c)
$$\lim_{x \to 0} \frac{1 - e^{ax}}{a^2 x}$$

e)
$$\lim_{x \to 0} \frac{\cos(ax) - 1}{x^2}$$

b)
$$\lim_{x \to 0} \frac{e^{ax} - 1}{ax}$$

d)
$$\lim_{x \to 0} \frac{\sin(ax) - x}{ax}$$

f)
$$\lim_{x \to 0} \frac{ax^2}{1 - \cos(ax)}$$

Gemischte Aufgaben

Zu den Funktionen der Aufgaben 7.24 bis 7.26 sind die 1. Ableitungen zu berechnen.

Aufgabe 7.24

a)
$$f(x) = (e^x)^3$$

b)
$$f(x) = e^{3x}$$

c)
$$f(x) = e^{x^3}$$

Aufgabe 7.25

a)
$$f(x) = \frac{1}{x - 3}$$

b)
$$f(x) = \frac{1}{1 - x}$$

c)
$$f(x) = \frac{1}{(x - 3)^2}$$

d)
$$f(x) = \frac{1}{(1 - x)^2}$$

Aufgabe 7.26

a)
$$f(x) = 2x^4 + 3\sqrt[3]{x^2} - \frac{2}{x^2}$$

b)
$$f(x) = \frac{1}{4}x^2 + 4\sqrt[4]{x^3} - \frac{1}{x^2}$$

c)
$$f(x) = x^3 \ln x$$

d)
$$f(x) = \frac{e^x + 1}{x^2}$$

e)
$$f(x) = \frac{1}{2}(2x^3 + 1)^{10}$$

f)
$$f(x) = \frac{4}{\sqrt{\cos x}}$$

g)
$$f(x) = \sin^3 x^2$$

h)
$$f(x) = \sqrt{\sin x}$$

i)
$$f(x) = \cos^2 x^3$$

j)
$$f(x) = 2e^{2x+1}$$

k)
$$f(x) = \sin^4 x$$

l)
$$f(x) = \log_2(x^2 + 1)$$

m)
$$f(x) = 2\sqrt{x}e^x$$

n)
$$f(x) = \frac{1}{2}(2^x + 3^x)$$

o)
$$f(x) = \log_3 x - 3\log_{0,5} x$$

p)
$$f(x) = \ln^2 x$$

q)
$$f(x) = \cos^2(4x)$$

r)
$$f(x) = \sqrt[3]{x^3 + 3x}$$

s)
$$f(x) = \frac{1}{(3x-1)^4}$$

t)
$$f(x) = \frac{1}{\sin^3 x}$$

u)
$$f(x) = \frac{\ln x}{x}$$

v)
$$f(x) = \frac{1}{2}x^4 + 2\sqrt[4]{x^3} - \frac{1}{\sqrt[3]{x^2}}$$

w)
$$f(x) = x^2 \cdot (e^{2x} + 1)$$

x)
$$f(x) = \frac{1}{4}(x^4 - 1)^8$$

y)
$$f(x) = \frac{x}{\sqrt{\cos x}}$$

z)
$$f(x) = \sin^3 x^3$$

In den Aufgaben 7.27 bis 7.28 sind spezielle Funktionswerte der 1. oder der 2. Ableitung gesucht.

Aufgabe 7.27

a)
$f'(1)$ für $f(x) = 2x^2 - x$

e)
$f'(1)$ für $f(x) = xe^{x^3-1}$

b)
$f'(2)$ für $f(x) = \frac{2}{x}$

f)
$f'\left(\frac{1}{2}\right)$ für $f(x) = \frac{1}{2} \cdot 4^x$

c)
$f'(e^2)$ für $f(x) = x \ln x$

g)
$f'(3)$ für $f(x) = \frac{1}{\ln 2} \cdot 2^x$

d)
$f'(\pi)$ für $f(t) = \sin(2t)$

h)
$f''(0)$ für $f(x) = 2e^{x^2-x}$

Aufgabe 7.28

$n \in \mathbb{Z}$

a)
$\dot{y}(0)$ für $y = 1 - \frac{1}{2}gt^2$

c)
$f''(\pi)$ für $f(x) = -\frac{\cos(2nx)}{n}$

b)
$f'(2\pi)$ für $f(x) = x \sin(nx)$

d)
$f''\left(\frac{1}{2n}\right)$ für $f(x) = -\frac{\sin(n\pi x)}{n\pi}$

Aufgabe 7.29

Für die Funktion $f(x) = \frac{1}{8}x^4$ ist die Gleichung der Tangente, die den Funktionsgraphen an der Stelle $x = 2$ berührt, gesucht.

Aufgabe 7.30

Die Funktion $f(x) = \sin x$ hat nicht nur sich periodisch wiederholende Funktions-, sondern auch sich periodisch wiederholende Steigungswerte.

a) An welchen Stellen x hat die Funktion f die Steigung 1?

b) Wie lautet die Gleichung der Tangente an den Graphen der Sinusfunktion an der Stelle $x = 2\pi$?

Aufgabe 7.31

Eine gesuchte ganzrationale Funktion 4. Grades hat folgende Eigenschaften:

Sie ist achsensymmetrisch zur y-Achse, hat im Punkt $H(0; 2)$ ein lokales Maximum und im Punkt $T(2; 0)$ ein lokales Minimum.

Wie lautet die Funktionsgleichung der beschriebenen Funktion ?

Aufgabe 7.32

Für die genannten Funktionen führe man eine Kurvendiskussion durch.
Zu untersuchen sind jeweils folgende Eigenschaften:

- Definitionsbereich

- Stetigkeit bzw. Arten der Unstetigkeit

- Nullstellen

- Symmetrie

- lokale Extrema

- Wendepunkte

- Verhalten im Unendlichen

Abschließend skizziere man den Graphen.

a)
$$f(x) = x^3 - 3x$$

b)
$$f(x) = \frac{1}{2}x^5 - \frac{5}{3}x^3 + \frac{5}{2}x$$

c)
$$f(x) = \frac{x^4}{x^3 - x}$$

d)
$$f(x) = \frac{x^4 - 13x^2 + 36}{x^3 - 9x}$$

e)
$$f(x) = 2e^{1-x^2}$$

f)
$$f(x) = \left(1 - \frac{1}{e^x}\right)^2$$

g)
$$f(x) = \ln(x^2 + 1)$$

h)
$$f(x) = x \ln x$$

8. Integralrechnung

Unbestimmte Integrale

In den Aufgaben 8.1 bis 8.20 sind die unbestimmten Integrale zu berechnen.

Aufgabe 8.1

a)
$$\int 1 \, dx$$

b)
$$\int x^3 \, dx$$

c)
$$\int x^{-3} \, dx$$

d)
$$\int \frac{1}{x^2} \, dx$$

e)
$$\int \frac{1}{x} \, dx$$

f)
$$\int \sqrt{x} \, dx$$

g)
$$\int \sqrt[3]{x^2} \, dx$$

h)
$$\int \frac{1}{\sqrt[3]{x}} \, dx$$

i)
$$\int \frac{1}{\sqrt[4]{x^3}} \, dx$$

Aufgabe 8.2

a)
$$\int (x^3 + x + 1) \, dx$$

b)
$$\int (3x^2 + x - 1) \, dx$$

c)
$$\int (2x^{-3} - x^{-1}) \, dx$$

d)
$$\int \left(2x - \frac{3}{2}\sqrt{x}\right) dx$$

e)
$$\int \left(\sqrt[3]{x} + \frac{1}{4\sqrt{x}}\right) dx$$

f)
$$\int \left(2x + \frac{1}{x}\right) dx$$

g)
$$\int \left(\frac{3}{2}x + \frac{1}{1+x^2}\right) dx$$

h)
$$\int (2\cos x - \sin x) \, dx$$

i)
$$\int \left(3e^x - \frac{2}{x}\right) dx$$

Aufgabe 8.3

a)
$$\int x e^x \, dx$$

c)
$$\int 2x \sin x \, dx$$

e)
$$\int x^3 \ln x \, dx$$

b)
$$\int x \cos x \, dx$$

d)
$$\int x^2 \cos x \, dx$$

f)
$$\int \sqrt{x} \ln x \, dx$$

Aufgabe 8.4

a)
$$\int (x - 1) \cos x \, dx$$

c)
$$\int \left(\frac{1}{2}x^2 + 4\right) \sin x \, dx$$

e)
$$\int (x^2 + 1)e^x \, dx$$

b)
$$\int (2x + 1) \sin x \, dx$$

d)
$$\int (2x + 1)e^x \, dx$$

f)
$$\int \frac{\ln x}{x^4} \, dx$$

Aufgabe 8.5
$$\int e^x \cos x \, dx$$

Aufgabe 8.6

a)
$$\int \frac{1}{(x - 3)^2} \, dx$$

c)
$$\int 4\sqrt{2x + 1} \, dx$$

e)
$$\int e^{\frac{x}{4}} \, dx$$

b)
$$\int \frac{1}{(x + 2)^3} \, dx$$

d)
$$\int \frac{1}{\sqrt{2x - 1}} \, dx$$

f)
$$\int \cos(2x + 1) \, dx$$

Aufgabe 8.7

a)
$$\int 4x^3(x^4-1)^{10}\,dx$$

d)
$$\int \frac{8x^3-2}{\sqrt[3]{x^4-x}}\,dx$$

b)
$$\int (2x+1)(x^2+x)^7\,dx$$

e)
$$\int (x+1)\sin(x^2+2x)\,dx$$

c)
$$\int 12x\cdot\sqrt[3]{3x^2-4}\,dx$$

f)
$$\int 4xe^{x^2+1}\,dx$$

Aufgabe 8.8

a)
$$\int \frac{8x^7}{(x^4+1)^3}\,dx$$

c)
$$\int 4x^7\ln(x^4)\,dx$$

e)
$$\int \frac{\sqrt{x}}{2}e^{\sqrt{x}}\,dx$$

b)
$$\int 4x^7\sqrt{x^4+1}\,dx$$

d)
$$\int 4xe^{2x-1}\,dx$$

f)
$$\int 3x^5\sin(x^3+1)\,dx$$

Aufgabe 8.9

a)
$$\int \frac{1}{x^2+4}\,dx$$

c)
$$\int \frac{1}{\sqrt{3-x^2}}\,dx$$

e)
$$\int \frac{1}{\sqrt{x^2+6x+10}}\,dx$$

b)
$$\int \frac{1}{x^2-4x+6}\,dx$$

d)
$$\int \frac{1}{\sqrt{x^2+16}}\,dx$$

f)
$$\int \frac{1}{\sqrt{9x^2-16}}\,dx$$

Aufgabe 8.10

a)
$$\int \frac{e^x + 1}{e^x + x} dx$$

c)
$$\int \frac{3x^2 - 1}{x^3 - x} dx$$

e)
$$\int \frac{2x^3 + x}{x^4 + x^2 + 1} dx$$

b)
$$\int \frac{\cos(2x)}{3\sin(2x)} dx$$

d)
$$\int \frac{4x - 2}{x^2 - x + \frac{1}{2}} dx$$

f)
$$\int \frac{9x^2 + 3x}{2x^3 + x^2 + 2} dx$$

Die Integrale in den Aufgaben 8.11 - 8.15 können mithilfe von Partialbruch-zerlegung berechnet werden.

Aufgabe 8.11

a)
$$\int \frac{3x + 5}{x^2 + 2x - 3} dx$$

c)
$$\int \frac{6x^2 - 5x - 9}{x^3 - 7x + 6} dx$$

b)
$$\int \frac{x - 8}{x^2 - x - 2} dx$$

d)
$$\int \frac{-2x^2 - 7x + 15}{x^3 - 4x^2 - x + 4} dx$$

Aufgabe 8.12

a)
$$\int \frac{3x^2 - 4x + 3}{x^3 - 3x^2} dx$$

c)
$$\int \frac{2x^2 + 1}{x^3 + 2x^2 + x} dx$$

b)
$$\int \frac{x^2 + 5x - 3}{x^3 - 3x + 2} dx$$

d)
$$\int \frac{x^2}{x^3 - x^2 - x + 1} dx$$

Aufgabe 8.13

a)
$$\int \frac{3x^2 + 2x + 5}{x^3 + x^2 + x + 1} dx$$

c)
$$\int \frac{5x^2 + 7x - 7}{x^3 + 3x^2 + 4x + 2} dx$$

b)
$$\int \frac{4x^2 - x + 1}{x^3 - x^2 + x - 1} dx$$

d)
$$\int \frac{x^2 + 5x + 19}{x^3 + 3x^2 + 16x - 20} dx$$

Aufgabe 8.14

a)
$$\int \frac{x^2 + 2x + 3}{x^3 + 6x^2 + 12x + 8} dx$$

d)
$$\int \frac{x^2 - 3x + 4}{x^3 - 3x^2 - x + 3} dx$$

b)
$$\int \frac{2x^2 - x + 3}{x^3 - x^2 + x - 1} dx$$

e)
$$\int \frac{3x^2 - 1}{x^3 + 3x^2 + 3x + 1} dx$$

c)
$$\int \frac{24}{x^3 + x^2 - 4x - 4} dx$$

f)
$$\int \frac{3}{x^3 + x^2 + 2x + 2} dx$$

Aufgabe 8.15

a)
$$\int \frac{x^3 - 3x^2 + 7}{x^2 - x - 2} dx$$

c)
$$\int \frac{x^5 - 4x^4 + x^3 + 8x^2 - 5x + 1}{x^2 - 4x + 3} dx$$

b)
$$\int \frac{4x^3 - 9x^2 + 8x - 2}{x^2 - 2x + 1} dx$$

d)
$$\int \frac{x^5 + x^3 + 4x^2 + 2}{x^4 - 1} dx$$

Aufgabe 8.16

a)
$$\int \sin(2x)\cos(x)\,dx$$

c)
$$\int \cos^3 x \,dx$$

e)
$$\int \sin^2(2x)\,dx$$

b)
$$\int \cos(x)\cos\left(\frac{1}{2}x\right)dx$$

d)
$$\int \sin^2 x \,dx$$

f)
$$\int \cos^2\left(\frac{\pi}{2}x\right)dx$$

Aufgabe 8.17

a)
$$\int \frac{1}{\sin x}\,dx$$

b)
$$\int \frac{1}{\cos x}\,dx$$

c)
$$\int \frac{1+\sin x}{\sin x + \sin x \cos x}\,dx$$

Aufgabe 8.18

a)
$$\int \frac{2^{3x+1}}{1+2^x}\,dx$$

b)
$$\int \frac{e^{4x}}{e^x+1}\,dx$$

c)
$$\int \frac{e^{3x}+5e^{2x}+2e^x}{e^{3x}+e^{2x}-e^x-1}\,dx$$

Aufgabe 8.19

a)
$$\int \frac{1}{\sinh x}\,dx$$

b)
$$\int \frac{1}{\cosh x + 1}\,dx$$

c)
$$\int \frac{1}{\sinh x + 2\cosh x}\,dx$$

Aufgabe 8.20

a)
$$\int \frac{x^2}{\sqrt{3-x^2}}\,dx$$

b)
$$\int \frac{x^2}{(1-x^2)\sqrt{1-x^2}}\,dx$$

c)
$$\int \frac{x^2}{\sqrt[3]{2x+1}}\,dx$$

Bestimmte Integrale

In den Aufgaben 8.21 bis 8.25 sind die bestimmten Integrale zu berechnen.

Aufgabe 8.21

a)

$$\int_{-2}^{2} (4x^3 - 3x^2 + 2)dx$$

c)

$$\int_{e}^{e^2} \frac{1}{x \ln x} \, dx$$

e)

$$\int_{\frac{\pi}{2}}^{2\pi} x \cos(2x) \, dx$$

b)

$$\int_{0}^{1} x e^x \, dx$$

d)

$$\int_{1}^{2} x\sqrt{x^2 - 1} \, dx$$

f)

$$\int_{0}^{\pi} \frac{\sin x}{\cos x + 2} \, dx$$

Aufgabe 8.22

$n \in \mathbb{Z}, \omega \in \mathbb{R}$

a)

$$\int_{0}^{2\pi} x^2 \cos(nx) \, dx$$

b)

$$-\frac{1}{2} \int_{0}^{2} \sin\left(n\frac{\pi}{2}t\right) dt$$

c)

$$\frac{1}{\pi} \int_{-t_0}^{t_0} \cos(\omega t) \, dt$$

In den folgenden Aufgaben sind die Integranden stückweise zusammen-gesetzte Funktionen.

Aufgabe 8.23

$$\int_{-2}^{4} f(x)dx \quad \text{für die Funktion} \quad f(x) = \begin{cases} 1, & x < 0 \\ x, & x \geq 0 \end{cases}.$$

Aufgabe 8.24

$$\int_{-1}^{3} f(x)dx \text{ für die Funktion } f(x) = \begin{cases} 0, & x < -1 \\ x + 1, & -1 \leq x \leq 0 \\ -x + 1, & 0 \leq x \leq 1 \\ 0, & x > 1 \end{cases}.$$

Aufgabe 8.25

Zur abgebildeten Funktion f sind die bestimmten Integrale zu berechnen.

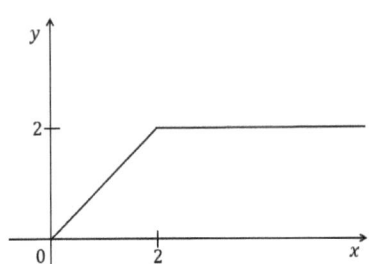

a)

$$\int_{0}^{3} f(x)dx$$

b)

$$\int_{0}^{3} f^{2}(x)dx$$

Uneigentliche Integrale

Aufgabe 8.26

Man berechne die folgenden uneigentlichen Integrale.

a)

$$\int_{2}^{\infty} \frac{1}{x^{3}}\,dx$$

b)

$$\int_{0}^{\infty} 2e^{-x}dx$$

c)

$$\int_{0}^{\infty} \frac{1}{e^{2x}}\,dx$$

d)

$$\int_{0}^{\infty} \frac{x}{1 + x^{4}}\,dx$$

e)

$$\int_{-\infty}^{-1} \frac{1}{x^{2}}\,dx$$

f)

$$\int_{-\infty}^{2} \frac{2}{(x - 3)^{2}}\,dx$$

Aufgabe 8.27

Gesucht ist jeweils das Integral

$$\int\limits_{-\infty}^{+\infty} f(x)dx.$$

a)
$$f(x) = \begin{cases} 2, & |x| < 1 \\ 1, 1 < |x| < 2 \\ 0, & |x| > 2 \end{cases}$$

b)
$$f(x) = \begin{cases} 1 + x, -1 \le x \le 0 \\ 1 - x, 0 < x \le 1 \\ 0, \quad \text{sonst} \end{cases}$$

c)
$$f(x) = \begin{cases} e^{-2x}, |x| \le 1 \\ 0, \quad |x| > 1 \end{cases}$$

d)
$$f(x) = \begin{cases} e^{-2x}, x \ge 0 \\ 0, \quad x < 0 \end{cases}$$

e)
$$f(x) = \begin{cases} e^{-x}, x \ge 0 \\ e^{x}, x < 0 \end{cases}$$

Flächenberechnung

Aufgabe 8.28

Gesucht ist jeweils die Fläche, die von dem Graphen der Funktion und der x-Achse eingeschlossen wird.

a)
$$f(x) = x^2 - 2x - 3$$

b)
$$f(x) = x^3 - 4x$$

c)
$$f(x) = x^3 - x^2 - 4x + 4$$

Aufgabe 8.29

Gesucht ist der Flächeninhalt zwischen dem Graphen der Funktion f und der x-Achse auf dem jeweils angegebenen Intervall.

a)

$$f(x) = \sqrt{2x + 1} \quad [0; 4]$$

b)

$$f(x) = \frac{1}{x} \quad [e; e^2]$$

c)

$$f(x) = x^3 - 1 \quad [-2; 2]$$

Aufgabe 8.30

Gesucht ist jeweils die Flächenmaßzahl der Fläche, die von den Graphen der angegebenen Funktionen eingeschlossen (d.i. vollständig umrandet) wird.

a)

$$f(x) = \frac{1}{2}x^2 + 1$$

$$g(x) = x + 5$$

b)

$$f(x) = x^3 - x$$

$$g(x) = 3x$$

c)

$$f(x) = x^4 - x^3 + 4x^2$$

$$g(x) = x^4 + x^2$$

d)

$$f(x) = 2x^3 - x^2$$

$$g(x) = x^3 - 3x^2 + 3x$$

Aufgabe 8.31

Gesucht ist die Flächenmaßzahl der Fläche, die von den genannten Funktionen auf dem angegebenen Intervall eingeschlossen wird.

a)

$$g(x) = e^x$$

$$y = 1$$

$$[-1; 1]$$

b)

$$g(x) = x^2 - x - 2$$

$$h(x) = x^3 - 2x^2 - x + 2$$

$$[-1; 3]$$

Gemischte Aufgaben

In den Aufgaben 8.32 bis 8.33 sind die genannten Integrale zu berechnen.

Aufgabe 8.32

a)
$$\int \frac{1}{x+2}\,dx$$

d)
$$\int \frac{1}{(x+4)^3}\,dx$$

g)
$$\int \frac{x}{x^2+3}\,dx$$

b)
$$\int \frac{1}{2-x}\,dx$$

e)
$$\int \frac{3}{x^2+1}\,dx$$

h)
$$\int \frac{x-1}{x^2+1}\,dx$$

c)
$$\int \frac{1}{(x-1)^2}\,dx$$

f)
$$\int \frac{1}{x^2+4}\,dx$$

i)
$$\int \frac{4x+3}{x^2+1}\,dx$$

Aufgabe 8.33

a)
$$\int \frac{\ln x}{x^2}\,dx$$

b)
$$\int (x^4+x)^8(4x^3+1)\,dx$$

c)
$$\int \frac{x-1}{x^2-x-2}\,dx$$

d)
$$\int \frac{5x-1}{x^3-3x-2}\,dx$$

e)
$$\int \left(8x^3 - \frac{6}{\sqrt[4]{x}}\right)dx$$

f)
$$\int \frac{x^2 \cos x}{2}\,dx$$

g)
$$\int (8x^3-2)\cos(x^4-x)\,dx$$

h)
$$\int \frac{5x^2-24x+21}{x^3-7x^2+8x+16}\,dx$$

i)
$$\int \frac{\sin x}{\cos x}\,dx$$

j)
$$\int \left(\frac{1}{2}x^3 - \frac{3}{2\sqrt[4]{x}}\right)dx$$

k)
$$\int (x^2-1)\cos x\,dx$$

l)
$$\int (4x-2)\sqrt{x^2-x}\,dx$$

m)
$$\int (x+K)(e^{x+K})\,dx$$

n)
$$\int x^n \ln x\,dx$$

o)
$$\int 2n\cos\left(n\frac{2\pi}{T}x\right)dx$$

p)

$$\int_{-1}^{1} (3x^2 + x - 1)dx$$

q)

$$\int_{1}^{3} \frac{1}{(x+1)^2} dx$$

r)

$$\int_{0}^{\pi} x \cos x \, dx$$

s)

$$\int_{\sqrt{3}}^{\sqrt{8}} \frac{x}{\sqrt{x^2+1}} dx$$

t)

$$\int_{0}^{1} xe^x dx$$

u)

$$\int_{0}^{\frac{\pi}{2}} \frac{\cos x}{\sin x + 1} dx$$

v)

$$\int_{\pi}^{2\pi} \sin(2x - \pi) \, dx$$

w)

$$\int_{\ln 2}^{\ln 3} \frac{e^x}{e^x - 1} dx$$

x)

$$\int_{1}^{\infty} \frac{1}{x^4} dx$$

y)

$$\int_{0}^{\infty} \frac{1}{\cosh^2 x} dx$$

z)

$$\int_{-\infty}^{0} e^{2x} dx$$

Aufgabe 8.34

Zu den folgenden Funktionen $f(x)$ ist jeweils eine Stammfunktion $F(x)$ gesucht, die die angegebene Zusatzbedingung erfüllt.

a)

$$f(x) = \frac{1}{x^2}, F(3) = 1$$

d)

$$f(x) = \frac{1}{2}xe^x, F(0) = 1$$

b)

$$f(x) = 3\sqrt{x}, F(1) = 1$$

e)

$$f(x) = 4xe^{x^2+1}, F(0) = 0$$

c)

$$f(x) = \frac{1}{\sqrt[4]{x}}, F(1) = 0$$

f)

$$f(x) = \frac{1}{(2x+1)^2}, F(0) = 0$$

Aufgabe 8.35

Eine Gerade g schneidet die y-Achse bei $y = \frac{1}{2}$ und verläuft durch den Punkt $P\left(2; \frac{5}{4}\right)$.

Mithilfe der Integralrechnung berechne man den Flächeninhalt A der Fläche, die nach oben durch den Graphen von g, nach unten durch die x-Achse, nach links durch die y-Achse und nach rechts von einer Parallelen zur y-Achse durch $x = 2$ begrenzt wird.

Aufgabe 8.36

Eine Gerade g schneidet die y-Achse bei $y = 1$ und verläuft durch den Punkt $P\left(1; \frac{3}{2}\right)$.

Man berechne den Flächeninhalt A der Fläche, die nach oben durch den Graphen von g, nach unten durch die x-Achse, nach links durch die y-Achse und nach rechts von einer Parallelen zur y-Achse durch $x = 4$ begrenzt wird.

9. Gewöhnliche Differentialgleichungen

Aufgabe 9.1

a)

Ist $y = 2x^2 + x$ eine Lösung der Gleichung $xy' = 2y - x$?

b)

Ist $y = \sqrt{x}$ eine Lösung der Gleichung $yy' = x$?

c)

Ist $y = \sin(2x)$ eine Lösung der Gleichung $y''' = 8y - 4y' + 2y''$?

d)

Ist $y = e^x$ eine Lösung der Gleichung $y'y'' = xy$?

e)

Ist $y = \ln x + \dfrac{1}{x}$ eine Lösung der Gleichung $xy' + y = 1 + \ln x$?

f)

Ist $y = e^{-x} + \dfrac{1}{2}(\cos x + \sin x)$ eine Lösung der Gleichung
$y' + y = \cos x$?

Aufgabe 9.2

Die allgemeinen Lösungen der folgenden Differentialgleichungen ermittele
man durch wiederholte Integration.

a)
$$y'' = 0$$

c)
$$y'' = 2e^{2x}$$

e)
$$y'' - e^x = 0$$

b)
$$y'' = x$$

d)
$$y'' = -\cos x$$

f)
$$y''' - 1 = 0$$

Separable Differentialgleichungen

Aufgabe 9.3
Gesucht sind allgemeine Lösungen der folgenden Differentialgleichungen.

a)
$$y' = \frac{x^2}{y}$$

c)
$$y' = \frac{e^x}{y}$$

e)
$$y^2 y' = x$$

b)
$$y' = \frac{1}{xy^2}$$

d)
$$y' = (1 - y)\sin x$$

f)
$$y^2 = 2y'\sqrt{x}$$

Aufgabe 9.4
Zu den folgenden Differentialgleichungen ist jeweils eine allgemeine Lösung sowie die spezielle Lösung, welche die Anfangswertbedingung erfüllt, gesucht:

a)
$$y' = \frac{x^2}{y^3}$$
$$y(0) = 1$$

c)
$$y' = -\frac{y}{x}$$
$$y(1) = 1$$

e)
$$yy' - \cos x = 0$$
$$y(0) = 2$$

b)
$$y' = \frac{1}{xy}$$
$$y(1) = -2$$

d)
$$y' = \frac{\cos x}{y^2}$$
$$y(0) = 2$$

f)
$$y' \tan x - y = 1$$
$$y\left(\frac{\pi}{2}\right) = 1$$

Aufgabe 9.5
Die folgenden Differentialgleichungen können durch eine geeignete Substitution auf separable Differentialgleichungen zurückgeführt werden. Gesucht sind allgemeine Lösungen.

a)
$$y' = (x + y - 4)^2$$

c)
$$y' = \frac{y}{x} + \frac{x}{y}$$

e)
$$y = xy' - 2x$$

b)
$$y' = y + x - 1$$

d)
$$y' = \frac{y}{x} - \frac{1}{\sin\frac{y}{x}}$$

f)
$$y' - y^2 = x^2 + 2xy$$

Variation der Konstanten

Aufgabe 9.6
Gesucht sind allgemeine Lösungen.

a)
$$y' + 2y = 4x$$

b)
$$y' - \frac{y}{x} = x^4$$

c)
$$y' + 2xy = xe^{-x^2}$$

d)
$$x(y' - y) = (1 + x^2)e^x$$

Aufgabe 9.7
Zu den folgenden Differentialgleichungen ist jeweils eine allgemeine Lösung sowie die spezielle Lösung, welche die Anfangswertbedingung erfüllt, gesucht:

a)
$$y' - xy = x^3$$
$$y(0) = 1$$

b)
$$y' + y\sin x = e^{\cos x}$$
$$y(0) = e$$

Lineare Differentialgleichungen mit konstanten Koeffizienten

Bei den Aufgaben 9.8 – 9.12 sind allgemeine Lösungen gesucht.

Aufgabe 9.8

a)
$$y'' + y' - 2y = 0$$

b)
$$2y'' + y' - y = 0$$

c)
$$y'' - 9y = 0$$

d)
$$y''' + y'' = 0$$

e)
$$y^{(3)} - 4y^{(2)} + 4y^{(1)} = 0$$

f)
$$y^{(4)} - 6y^{(3)} + 9y^{(2)} = 0$$

Aufgabe 9.9

a)
$$y'' - 4y' + 4y = 1$$

b)
$$y'' + 4y' - 5y = 1$$

c)
$$y'' - 4y' + 3y = x$$

d)
$$y'' - 4y = 8x^3$$

e)
$$y'' + 2y' = e^{2x}$$

f)
$$y'' + y' - 2y = \sin x$$

Aufgabe 9.10

a)
$$y'' - 2y' = x^2 - x$$

b)
$$y'' + 2y' = x + 1$$

c)
$$y'' + 2y' = 3x^2$$

d)
$$y'' + y' - 2y = e^x$$

e)
$$y'' - 9y = e^{3x}$$

f)
$$y'' - 4y' + 4y = e^{2x}$$

Aufgabe 9.11

a)
$$y'' + 5y' + 4y = x^2 e^x$$

b)
$$y'' - 3y' + 2y = e^{3x}(x^2 + x)$$

c)
$$y'' + 2y' - 3y = x \sin x$$

d)
$$y'' - 2y' + y = e^x - x$$

e)
$$y'' - y = 1 + \sin x$$

f)
$$y'' + 3y' = e^x + e^{-3x}$$

Aufgabe 9.12

Die folgenden Gleichungen führen zunächst auf komplexe Fundamental-systeme. Gesucht sind reelle allgemeine Lösungen.

a)
$$4y'' - 8y' + 5y = 0$$

c)
$$y'' + 4y = \cos(2x)$$

b)
$$y'' + 2y' + 17y = 0$$

d)
$$y''' + y' = 3x^2$$

Gemischte Aufgaben

Aufgabe 9.13

Gesucht sind allgemeine Lösungen der Differentialgleichung
$$y'' + y' - 2y = h(x)$$
für folgende Inhomogenitäten:

a)
$$h(x) = 3e^{2x}$$

b)
$$h(x) = 2\sin x$$

c)
$$h(x) = e^x(3 - 4x)$$

Aufgabe 9.14

Gesucht sind allgemeine Lösungen der Differentialgleichung
$$y''' - y'' = h(x)$$
für folgende Inhomogenitäten:

a)
$$h(x) = 6x + e^{-x}$$

b)
$$h(x) = \cos x - 1$$

c)
$$h(x) = e^x - e^{2x}$$

Aufgabe 9.15

Gesucht sind allgemeine oder spezielle Lösungen von Differentialgleichungen unterschiedlichen Typs.

a)
$$y' = \frac{y+2}{x}$$

b)
$$y'x = y + 3x$$

c)
$$y' = (x + y - 3)^2$$

d)
$$y'' - 4y' + 4y = x$$

e)
$$xy' = y - \frac{x}{\cos\left(\frac{y}{x}\right)}$$

f)
$$y'' + 4y' + 4y = 2x + 3$$

g)
$$y' - xy = 2xe^{\frac{1}{2}x^2}$$

h)
$$y'\sqrt{x^2 + 1} = (1 + y^2)x$$

i)
$$y'' + 2y' - 1 = 0$$

j)
$$y'y^2 = x$$

k)
$$xy' - y = x$$

l)
$$y'' = 2, y(0) = y(1) = 1$$

m)
$$y' = (y - 1)\sin x$$
$$y\left(\frac{\pi}{2}\right) = 4$$

n)
$$y' + x^2 y = 2x^2$$
$$y(0) = 3$$

o)
$$y'' + 3y' + 2y = 0$$
$$y(0) = 1, y'(0) = 2$$

p)
$$y'' - 4y' + 3y = 0$$
$$y(0) = 6, y'(0) = 10$$

q)
$$y' = e^{-x^2} - 2xy$$
$$y(0) = 1$$

r)
$$y'y^4 = x$$
$$y(2) = 2$$

10. Funktionen mehrerer Veränderlicher

Elementare Funktionseigenschaften

Aufgabe 10.1

Welchen Definitions- und welchen Wertebereich haben die folgenden Funktionen $f: D_f \to W_f$?

a)
$$f(x,y) = x \cdot \sqrt{y}$$

b)
$$f(x,y) = \begin{pmatrix} 2x + y \\ x^3 y \\ x - 2y \end{pmatrix}$$

c)
$$f(x,y) = x^2 + xy - 2y$$

d)
$$f(x,y) = \sqrt{1 - x^2 - y^2}$$

e)
$$f(t) = \begin{pmatrix} t^3 \\ t^2 - t \\ t^4 + t \end{pmatrix}$$

f)
$$f(x,y,z) = \begin{pmatrix} x^3 y z^2 \\ x y^2 z \end{pmatrix}$$

Aufgabe 10.2

Gesucht ist jeweils eine Funktionsgleichung einer Funktion f, die die jeweils genannte geometrische Größe beschreibt.

a) Die Funktion f beschreibe das Volumen eines Quaders mit quadratischer Grundfläche in Abhängigkeit von der Seitenlänge der Grundfläche x und der Höhe y.

b) Die Funktion f beschreibe das Volumen eines Kegels in Abhängigkeit des Radius x und der Höhe y.

c) Die Funktion f beschreibe die Oberfläche eines Zylinders in Abhängigkeit des Radius x und der Höhe y.

d) Die Funktion f beschreibe die Oberfläche eines Quaders in Abhängigkeit der drei Seitenlängen x, y und z.

Koordinatensysteme

Aufgabe 10.3

Wie lauten die Polarkoordinaten der folgenden, in kartesichen Koordinaten angegebenen Punkte des $\mathbb{R}^2$?

a)

$P_1(1,0)$

b)

$P_2(0,-2)$

c)

$P_3(1,\sqrt{3})$

d)

$P_4(2,-2)$

e)

$P_5(-1,1)$

f)

$P_6(-3,-\sqrt{3})$

Aufgabe 10.4

Wie lauten die kartesischen Koordinaten der folgenden, in Polarkoordinaten gegebenen Punkte?

a)

$P_1\left(2,\frac{2}{3}\pi\right)$

b)

$P_2\left(\frac{1}{2},\frac{\pi}{3}\right)$

c)

$P_3\left(3,\frac{\pi}{4}\right)$

d)

$P_4\left(\sqrt{8},\frac{7}{4}\pi\right)$

e)

$P_5\left(\sqrt{2},\frac{\pi}{4}\right)$

f)

$P_6\left(2,\frac{\pi}{2}\right)$

Aufgabe 10.5

Wie lauten die Zylinderkoordinaten der folgenden, in kartesischen Koordinaten gegebenen Punkte des $\mathbb{R}^3$?

a)

$P_1\left(1,\sqrt{3},0\right)$

b)

$P_2(-1,1,2)$

c)

$P_3\left(\sqrt{3},\sqrt{3},-1\right)$

Aufgabe 10.6

Wie lauten die kartesischen Koordinaten der folgenden, in Zylinderkoordinaten gegebenen Punkte?

a)

$$P_1\left(1,\frac{\pi}{6},2\right)$$

b)

$$P_2\left(2,\frac{3}{4}\pi,1\right)$$

c)

$$P_3\left(9,\frac{11}{6}\pi,-1\right)$$

Aufgabe 10.7

Wie lauten die Kugelkoordinaten der folgenden, in kartesischen Koordinaten gegebenen Punkte des $\mathbb{R}^3$?

a)

$$P_1(0,1,1)$$

b)

$$P_2(2,-2,4)$$

c)

$$P_3(-1,-1,1)$$

Aufgabe 10.8

Wie lauten die kartesischen Koordinaten der folgenden, in Kugelkoordinaten gegebenen Punkte?

a)

$$P_1\left(4,\frac{\pi}{6},\frac{\pi}{6}\right)$$

b)

$$P_2\left(4,\frac{\pi}{6},\frac{\pi}{3}\right)$$

c)

$$P_3\left(\sqrt{2},\frac{\pi}{2},\frac{\pi}{4}\right)$$

11. Differentialrechnung mehrerer Veränderlicher

Partielle Ableitungen

In den Aufgaben 11.1 und 11.2 sind die partiellen Ableitungen erster Ordnung der genannten Funktionen gesucht.

Aufgabe 11.1

a)
$$f(x,y) = x^3 + 3x^2y - y^3$$

b)
$$f(x,y) = y\sqrt{x} - y^2 - x + 6y$$

c)
$$f(x,y) = 2\sqrt{xy}$$

d)
$$f(x,y) = \frac{xy}{x-y}$$

e)
$$f(x,y) = e^{xy}$$

f)
$$f(x,y) = \sin x \cos y$$

Aufgabe 11.2

a)
$$f(x,y,z) = z^2 + x^2y^4$$

b)
$$f(x,y,z) = (x - 2y - z)^4$$

c)
$$f(x,y,z) = x^3y - (z^2 - xy)^2$$

d)
$$f(x,y,z) = \frac{1}{x^2 - y - z^2}$$

e)
$$f(x,y,z) = e^{x\sin(yz)}$$

f)
$$f(x,y,z) = \ln(x^2 - xy^2 + z^4)$$

Aufgabe 11.3

Gesucht sind alle partiellen Ableitungen bis einschließlich der partiellen Ableitungen 2. Ordnung.

a)
$$f(x,y) = x^2 y^3$$

c)
$$f(x,y) = \frac{1}{x-y}$$

e)
$$f(x,y) = x \sin y$$

b)
$$f(x,y) = x^2 y + xy - y^2$$

d)
$$f(x,y) = \frac{x}{y}$$

f)
$$f(x,y,z) = \frac{xy^2}{z}$$

Gradient und Hesse-Matrix

Aufgabe 11.4

Man berechne den Gradienten der Funktion f und werte ihn an der genannten Stelle P aus.

a)
$$f(x,y) = 3x - 2y$$
$$P(0,0)$$

d)
$$f(x,y) = 3\sqrt{4 + x^2 + y^4}$$
$$P(-2;1)$$

b)
$$f(x,y) = x^2 - 2xy + 3y - 1$$
$$P(1,2)$$

e)
$$f(x,y) = x \sin y$$
$$P(1;\pi)$$

c)
$$f(x,y) = \frac{y}{x}$$
$$P(-1,2)$$

f)
$$f(x,y) = \sin(xy)$$
$$P(1,0)$$

Aufgabe 11.5

Man stelle die Hesse-Matrix der Funktion f auf und berechne deren Determinante an der genannten Stelle P.

a)
$$f(x,y) = \frac{x^3 y^4}{3}$$
$$P(-2,1)$$

b)
$$f(x,y) = \frac{1}{2x+y}$$
$$P(1,0)$$

c)
$$f(x,y) = 4x\sqrt{y}$$
$$P(-1,4)$$

d)
$$f(x,y) = e^{x^2 y}$$
$$P(1,1)$$

e)
$$f(x,y,z) = x^3 y + xz^2$$
$$P(1,2,3)$$

f)
$$f(x,y,z) = \frac{xy}{z}$$
$$P(0,2,1)$$

Richtungsableitungen

Aufgabe 11.6

Zur Funktion
$$f(x,y) = x^3 - 3x^2 y + 3xy^2 + 1$$
ist im Punkt $(3,1)$ die Ableitung in Richtung des Vektors $\vec{v} = \begin{pmatrix} 3 \\ 4 \end{pmatrix}$ gesucht.

Aufgabe 11.7

Zur Funktion
$$f(x,y) = x^2 y + \frac{x}{y}$$
ist die Ableitung in Richtung des Vektors $\vec{v} = \begin{pmatrix} -2 \\ 0 \end{pmatrix}$ an der Stelle $(2;1)$ gesucht.

Aufgabe 11.8

Zur Funktion
$$f(x,y) = x^2y^2 - xy^3 - 3y - 1$$
ist die Ableitung im Punkt $P(2,1)$ in Richtung des Vektors $\vec{v}$ gesucht, der im Punkt P beginnend auf den Ursprung weist.

Aufgabe 11.9

Gesucht sind die Ableitungsfunktionen der Funktion
$$f(x,y) = -2x^2y^4$$

a) in Richtung der y-Achse

b) in Richtung des Vektors $\vec{v} = \begin{pmatrix} 1 \\ -1 \end{pmatrix}$

c) in Richtung der größten Steilheit.

Aufgabe 11.10

Gesucht sind die Ableitungen der Funktion
$$f(x,y) = x^3y^2 + xy$$
an der Stelle $(0; 1)$

a) in Richtung der x-Achse

b) in Richtung des Vektors $\vec{v} = \begin{pmatrix} 1 \\ 1 \end{pmatrix}$

c) in Richtung der größten Steilheit.

Tangentialflächen

Aufgabe 11.11

Gesucht ist jeweils die Funktionsgleichung der Tangentialfläche an der Graphen der Funktion f in dem genannten Punkt $P \in \mathbb{R}^3$ bzw. an der genannten Stelle $P \in \mathbb{R}^2$.

a)

$$f(x,y) = 2x^2 - 4y^2$$

$$P(2,1,4)$$

b)

$$f(x,y) = x^3 - 2xy$$

$$P(1,0,1)$$

c)

$$f(x,y) = 2xy^4 + x^2 - y$$

$$P(1,0)$$

d)

$$f(x,y) = \frac{1}{x-y}$$

$$P(3;1)$$

e)

$$f(x,y) = \sqrt{xy}$$

$$P(2,8)$$

f)

$$f(x,y) = \sqrt{x^2 + y^2} - xy$$

$$P(3,4,-7)$$

Extremwertaufgaben

Aufgabe 11.12

Besitzen die folgenden Funktionen relative Extrema? Wenn ja, wo? Was sind die relativen Extremwerte?

a)

$$f(x,y) = x^3 + 6y^2 - 3x$$

b)

$$f(x,y) = x^3 + y^3 - 3xy$$

c)

$$f(x,y) = x^3 + \frac{1}{2}y^2 - 3x$$

d)

$$f(x,y) = -x^2 + xy - y^2 - 9x + 6y - 20$$

e)

$$f(x,y) = x^2 + 4y^2 + xy - 8$$

f)

$$f(x,y) = \sqrt{x^2 + y^2 + 1}$$

g)

$$f(x,y) = (x^2 + y)e^{\frac{1}{2}y}$$

Aufgabe 11.13

Die folgenden Funktionen untersuche man unter Berücksichtigung der Nebenbedingungen auf Extrema.

a)

$$f(x,y) = x^2 + y^2 \,, x + y = 1$$

b)

$$f(x,y) = \frac{1}{6}xy^2 \,, x,y > 0 \,, x^2 + y^2 = 4$$

12. Integralrechnung mehrerer Veränderlicher

Doppelintegrale

Aufgabe 12.1

a)
$$\int_0^2 \int_0^1 (x + y + 1)\, dx\, dy$$

b)
$$\int_{-1}^2 \int_0^1 x^2 y\, dx\, dy$$

c)
$$\iint_A \left(\frac{1}{3} x y^2 - 1\right) dA \qquad \begin{array}{l} 1 \le x \le 3 \\ -1 \le y \le 1 \end{array}$$

d)
$$\iint_A (2xy^2 + 3x^2)\, dA \qquad \begin{array}{l} -1 \le x \le 2 \\ 0 \le y \le 1 \end{array}$$

Aufgabe 12.2

a)
$$\int_0^1 \int_0^1 e^{x+y}\, dx\, dy$$

b)
$$\int_{-1}^0 \int_0^1 y e^{xy}\, dx\, dy$$

c)
$$\iint_A x \sin y\, dA \qquad \begin{array}{l} 0 \le x \le 1 \\ 0 \le y \le \dfrac{\pi}{2} \end{array}$$

d)
$$\iint_A \frac{1}{(x + y + 1)^2}\, dA \qquad \begin{array}{l} 0 \le x \le 1 \\ 0 \le y \le 1 \end{array}$$

Aufgabe 12.3

a)
$$\int_1^4 \int_{\frac{y}{2}}^{y^2+1} (y - 1)\, dx\, dy$$

b)
$$\int_0^1 \int_x^{x^2} (x^2 y + x y^2)\, dy\, dx$$

c)
$$\int_{-1}^0 \int_{-y}^{y+1} (x + y) e^x\, dx\, dy$$

d)
$$\int_0^2 \int_0^{\frac{\pi}{2} y} \cos \frac{x}{y}\, dx\, dy$$

Aufgabe 12.4

Bei den folgenden Integralen sind Polarkoordinaten zugrunde gelegt.

a)

$$\int_{0}^{\pi}\int_{0}^{2}\sqrt{4-r^2}\; r\,dr\,d\varphi$$

c)

$$\iint_A dA \qquad \begin{array}{l} 1 \leq r \leq 2 \\ 0 \leq \varphi \leq \pi \end{array}$$

b)

$$\int_{2}^{4}\int_{-\frac{\pi}{2}}^{\frac{\pi}{2}}\cos(3\varphi)\, r\,d\varphi\,dr$$

d)

$$\iint_A \sin(2\varphi)\,dA \qquad \begin{array}{l} 1 \leq r \leq 2 \\ 0 \leq \varphi \leq \frac{\pi}{2} \end{array}$$

Aufgabe 12.5

Bei den folgenden Doppelintegralen ist vor der Integralberechnung zunächst der abgebildete Integrationsbereich A zu bestimmen.

a)

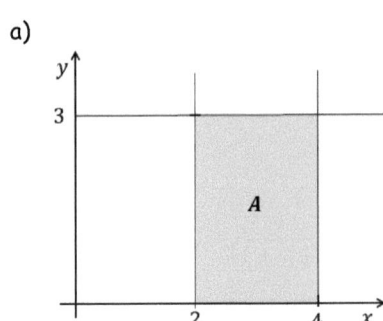

$$\iint_A (x+y)\,dA$$

b)

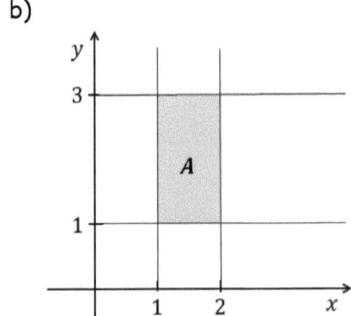

$$\iint_A xy\,dA$$

c)

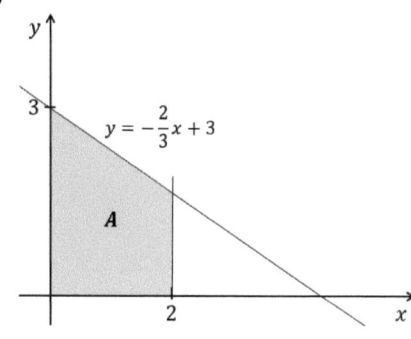

$$\iint\limits_{A} (6 - 3x - 2y)\,dA$$

d)

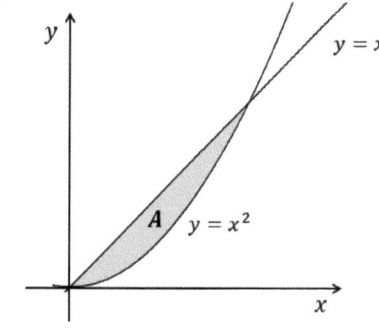

$$\iint\limits_{A} (2x - 5y)\,dA$$

Aufgabe 12.6

Bei den folgenden Doppelintegralen ist vor der Integralberechnung zunächst der abgebildete Integrationsbereich A mithilfe von Polarkoordinaten zu beschreiben.

a)

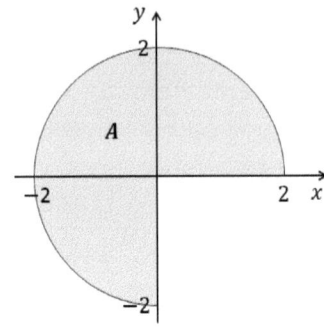

$$\iint\limits_{A} (r - 1)\, dA$$

b)

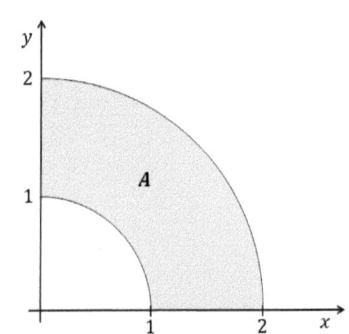

$$\iint\limits_{A} \sin(2\varphi)\, dA$$

c)

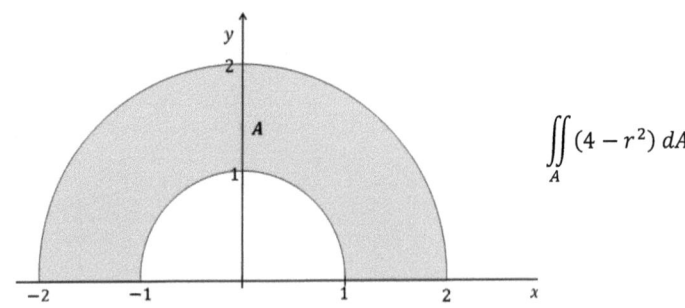

$$\iint\limits_{A} (4 - r^2)\, dA$$

d)

$$\iint\limits_A f \, dA$$

für $f(x,y) = \sqrt{9 - x^2 - y^2}$

Aufgabe 12.7

Durch zweifache Integration berechne man den Flächeninhalt des Gebietes, das durch die genannten Geraden begrenzt wird.

a)

$y = x, y = 5x, x = 0, x = 1$

b)

$y = 1, y = 4, y = 3x, y = x - 1$

Dreifachintegrale

Aufgabe 12.8

a)

$$\int\limits_0^1 \int\limits_{-1}^1 \int\limits_0^1 (2xz - y) \, dx \, dy \, dz$$

c)

$$\int\limits_0^1 \int\limits_0^{\frac{\pi}{2}} \int\limits_0^1 x \, z^2 \cos y \, dx \, dy \, dz$$

b)

$$\int\limits_0^1 \int\limits_{-1}^0 \int\limits_0^1 (x^2 y^2 + z^2) \, dx \, dy \, dz$$

d)

$$\int\limits_0^1 \int\limits_0^{\frac{\pi}{2}} \int\limits_0^{\pi} e^{2z} \cos(x + y) \, dx \, dy \, dz$$

Aufgabe 12.9

a)

$$\int_0^1 \int_0^1 \int_0^{1-y} (x^2 + y^2) \, dz \, dy \, dx$$

b)

$$\int_0^2 \int_0^x \int_0^y xyz \, dz \, dy \, dx$$

c)

$$\int_0^\pi \int_0^{\sin y} \int_0^{\cos y} (\pi - y) \, dx \, dz \, dy$$

d)

$$\int_1^2 \int_0^{2\pi} \int_0^{\sqrt{4-r^2}} r \, dz \, d\varphi \, dr$$

Aufgabe 12.10

Man berechne das Volumen der folgenden Bereiche $B \subseteq \mathbb{R}^3$ durch dreifache Integration.

a)

$$B = \{(x, y, z) | 0 \le x \le 1, -2 \le y \le 2, 0 \le z \le 3\}$$

b)

$$B = \{(x, y, z) | 0 \le x \le 1, 0 \le y \le 1 - x, 0 \le z \le 2\}$$

c)

$$B = \left\{(x, y, z) \left| -\frac{z-3}{3} \le x \le \frac{z-3}{3}, -\frac{z-3}{3} \le y \le \frac{z-3}{3}, 0 \le z \le 3\right.\right\}$$

d)

$$B = \{(r, \varphi, z) | 0 \le r \le 1, 0 \le \varphi \le 2\pi, 0 \le z \le 3\}$$

Aufgabe 12.11

Man berechne das Volumen des Körpers, der von einem durch die Gleichung $z = 4 - x^2 - y^2$ gegebenem Paraboloid und von der x,y-Ebene begrenzt wird, auf zwei Weisen:

a) als Dreifachintegral der Einsfunktion

b) als Doppelintegral von z

Hinweis: Die Schnittfläche mit der x,y- Ebene ist ein Kreis mit dem Radius $r = 2$ und dem Ursprung als Kreismittelpunkt.

Potentialfeld und Potentialfunktion

Aufgabe 12.12

Handelt es sich bei den folgenden Funktionen um Potentialfelder? Wenn ja, wie lautet eine Potentialfunktion?

a)
$$\vec{F}(x,y,z) = \begin{pmatrix} 0 \\ 0 \\ K \end{pmatrix}$$

c)
$$\vec{F}(x,y,z) = \begin{pmatrix} x \\ yz^2 \\ y^2z \end{pmatrix}$$

b)
$$\vec{F}(x,y,z) = \begin{pmatrix} y \\ x \\ 1 \end{pmatrix}$$

d)
$$\vec{F}(x,y,z) = \begin{pmatrix} x^2z \\ 2y \\ z \end{pmatrix}$$

Kurvenintegrale

Aufgabe 12.13

Wie lang ist das Kurvenstück $K = \{\vec{r}(t)|\ 0 \le t \le 1\}$ der Kurve

$$\vec{r}(t) = \begin{pmatrix} t^3 \\ 1 \\ \dfrac{4}{3}t^3 \end{pmatrix} ?$$

Aufgabe 12.14

Wie lang ist ein Kurvenstück der Schraubenlinie

$$\vec{r}(\varphi) = \begin{pmatrix} 4\cos\varphi \\ 4\sin\varphi \\ 3\varphi \end{pmatrix},$$

das zu einer halben Umdrehung gehört?

Aufgabe 12.15

Zu der reellwertigen Funktion

$$f(x,y) = \frac{1}{x-y}$$

ist das Kurvenintegral für die Kurve

$$K = \left\{ \vec{r}(t) = \begin{pmatrix} t \\ \dfrac{1}{2}t - 2 \end{pmatrix} \middle|\ 0 \le t \le 4 \right\}$$

zu berechnen.

Aufgabe 12.16

Gesucht ist der Wert des Integrals

$$\int_K f\,ds$$

für die Funktion

$$f(x,y,z) = \frac{z^2}{x^2 + y^2}$$

und die erste Umdrehung der Schraubenlinie $\vec{r}(\varphi) = \begin{pmatrix} \cos\varphi \\ \sin\varphi \\ \varphi \end{pmatrix}$

(beginnend bei $\varphi = 0$).

Aufgabe 12.17

Gesucht ist der Wert des Integrals

$$\int_K \vec{F}\,d\vec{r}$$

für das Vektorfeld

$$\vec{F}(x,y) = \begin{pmatrix} 2xy^2 \\ 3\sin y \end{pmatrix}$$

und die Kurve

$$K = \left\{ \vec{r}(t) = \begin{pmatrix} t \\ t^2 \end{pmatrix} \mid 0 \le t \le 2 \right\}.$$

Aufgabe 12.18

Gesucht ist der Wert des Integrals

$$\int_K \vec{F}\,d\vec{r}$$

für das Potentialfeld

$$\vec{F}(x,y,z) = \begin{pmatrix} y \\ x \\ 1 \end{pmatrix}$$

und die Kurve

$$K = \left\{ \vec{r}(t) = \begin{pmatrix} t^5 \\ t^3 \\ t^4 - 1 \end{pmatrix} \mid 0 \le t \le 1 \right\}.$$

Aufgabe 12.19

Zu berechnen ist das Kurvenintegral des Vektorfeldes

$$\vec{F}(x,y,z) = \begin{pmatrix} x \\ yz^2 \\ y^2z \end{pmatrix}$$

entlang der Kurve

$$K = \left\{ \vec{r}(t) = \begin{pmatrix} t \\ t \\ t \end{pmatrix} \middle| 0 \le t \le 1 \right\}.$$

Aufgabe 12.20

Zu berechnen ist das Kurvenintegral des Vektorfeldes

$$\vec{F}(x,y,z) = \begin{pmatrix} x^2z \\ 2y \\ z \end{pmatrix}$$

entlang der Kurve

$$K = \left\{ \vec{r}(t) = \begin{pmatrix} 0 \\ t \\ t^2 \end{pmatrix} \middle| 0 \le t \le 1 \right\}.$$

13. Fourier-Transformationen

Fourier-Reihen

Aufgabe 13.1

Gegeben ist die auf dem Intervall $[0, 2\pi)$ definierte und 2π-periodisch fortgesetzte Funktion $f(x) = x^2$.

a) Man skizziere die Funktion.

b) Ist die Funktion gerade, ungerade oder weder gerade noch ungerade?

c) Warum besitzt die Funktion eine Darstellung als Fourier-Reihe?

d) Wie lauten die Fourier-Koeffizienten und die Fourier-Reihen-Darstellung von f ?

e) Was ist der Funktionswert von f und was ist der Wert der Fourier-Reihe an der Stelle $x_0 = 2\pi$?

Aufgabe 13.2

Zu den folgenden 2π-periodisch fortgesetzten Funktionen ist deren Darstellung als Fourier-Reihe gesucht.

a)
$$f(x) = \begin{cases} 1, & 0 \leq x < \pi \\ -1, & \pi \leq x < 2\pi \end{cases}$$

b)
$$f(x) = \begin{cases} 1, & 0 < x < \dfrac{\pi}{4} \\ 0, & \dfrac{\pi}{4} < x < \dfrac{7}{4}\pi \\ 1, & \dfrac{7}{4}\pi < x < 2\pi \end{cases}$$

c)
$$f(x) = \frac{1}{\pi}x, \quad -\pi < x < \pi$$

Aufgabe 13.3

Gegeben ist die 2-periodisch fortgesetzte Funktion

$$f(x) = \begin{cases} 0, & -1 < x < 0 \\ x, & 0 < x < 1 \end{cases}.$$

a) Man skizziere die Funktion.

b) Wie lautet die Fourier-Reihe von f?

c) Wie lauten die Fourier-Koeffizienten a_2 und b_2 konkret?

d) Welchen Wert liefert die Fourier-Reihe an der nicht im Definitionsbereich von f enthaltenen Stelle $x_0 = 1$?

Aufgabe 13.4

Zu den folgenden periodischen Funktionen ist deren Darstellung als Fourier-Reihe gesucht.

a)
$$f(x) = \begin{cases} 1, & 0 < x < 1 \\ -1, & 1 < x < 2 \end{cases}, 2 - \text{periodisch fortgesetzt}$$

b)
$$f(x) = \begin{cases} 0, & -2 < x < -1 \\ -1, & -1 < x < 0 \\ 1, & 0 < x < 1 \\ 0, & 1 < x < 2 \end{cases}, 4 - \text{periodisch fortgesetzt}$$

c)
$$f(x) = \begin{cases} 1, & 0 < x < \dfrac{1}{2} \\ 0, & \dfrac{1}{2} \leq x < 3 \\ 1, & 3 \leq x \leq \dfrac{7}{2} \end{cases}, \dfrac{7}{2} - \text{periodisch fortgesetzt}$$

Fourier-Integrale

Aufgabe 13.5

Zu den folgenden nichtperiodischen Funktionen ist deren Darstellung als reelles Fourier-Integral gesucht. Wenn es sich um eine gerade Funktion handelt, kann eine Fourier-Kosinus-Transformation durchgeführt werden. Wenn es sich um eine ungerade Funktion handelt, kann eine Fourier-Sinus-Transformation durchgeführt werden.

a)
$$f(t) = \begin{cases} 1, & -1 \leq t \leq 1 \\ 0, & \text{sonst} \end{cases}$$

b)
$$f(t) = \begin{cases} 1, & 0 \leq t \leq 1 \\ 0, & \text{sonst} \end{cases}$$

c)
$$f(t) = \begin{cases} 1, & -2 \leq t < 0 \\ -1, & 0 \leq t \leq 2 \\ 0, & \text{sonst} \end{cases}$$

d)
$$f(t) = \begin{cases} -1, & -1 \leq t < 0 \\ +1, & 0 \leq t \leq 1 \\ 0, & \text{sonst} \end{cases}$$

e)
$$f(t) = \begin{cases} t, & 0 \leq t \leq 1 \\ 0, & \text{sonst} \end{cases}$$

f)
$$f(t) = \begin{cases} -t, & -1 \leq t < 0 \\ t, & 0 < t \leq 1 \\ 0, & \text{sonst} \end{cases}$$

g)
$$f(t) = \begin{cases} 1+t, & -1 \leq t < 0 \\ 1-t, & 0 \leq t \leq 1 \\ 0, & \text{sonst} \end{cases}$$

h)
$$f(t) = \begin{cases} -t-2, & -2 \leq t < -1 \\ t, & -1 \leq t \leq 1 \\ -t+2, & 1 < t \leq 2 \\ 0, & \text{sonst} \end{cases}$$

Aufgabe 13.6

Zur nichtperiodischen Rechteckfunktion

$$f(t) = \begin{cases} 2, & |t| < \frac{1}{2} \\ 0, & |t| > \frac{1}{2} \end{cases}$$

berechne man

    a) das reelle Fourier-Integral

    b) das komplexe Fourier-Integral

und

    c) vergleiche die unter a) berechnete mit der unter b) berechneten Fourier-Transformierten.

14. Laplace-Transformationen

Transformation in den Bildraum

In den Aufgaben 14.1 und 14.2 sind die Bildfunktionen gesucht. Sie können mithilfe der Korrespondenztabelle bestimmt werden.

Aufgabe 14.1

a)
$$f(t) = t^3$$

b)
$$f(t) = e^{-2t}$$

c)
$$f(t) = \cos(2t)$$

d)
$$f(t) = t \cos t$$

e)
$$f(t) = e^{2t} \sin(3t)$$

f)
$$f(t) = e^t t^4$$

Aufgabe 14.2

a)
$$f(t) = 4t^2 - 2t + 3$$

b)
$$f(t) = \frac{1}{3}t^3 - 3t^2 + 1$$

c)
$$f(t) = e^{2t} + e^{-2t}$$

d)
$$f(t) = \frac{1}{4}(e^t - e^{-3t})$$

e)
$$f(t) = \frac{1}{3}\sin(3t) + \cos(3t)$$

f)
$$f(t) = t \sinh t + t \cosh t$$

Rücktransformation in den Zeitbereich

In den Aufgaben 14.3 bis 14.7 sind die Originalfunktionen gesucht. Sie können mithilfe der Korrespondenztabelle bestimmt werden.

Aufgabe 14.3

a)
$$F(s) = \frac{6}{s^4}$$

b)
$$F(s) = \frac{2}{s^2 + 4}$$

c)
$$F(s) = \frac{1}{s^2 - 1}$$

d)
$$F(s) = \frac{s^2 + 4}{(s^2 - 4)^2}$$

e)
$$F(s) = \frac{s}{(s^2 + 9)^2}$$

f)
$$F(s) = \frac{24}{(s - 2)^5}$$

Aufgabe 14.4

a)
$$F(s) = \frac{3}{s^4}$$

b)
$$F(s) = \frac{4}{s^3}$$

c)
$$F(s) = \frac{s - 1}{s^2 - 2s + 2}$$

d)
$$F(s) = \frac{1}{s^3 + s}$$

e)
$$F(s) = \frac{4s}{s^2 + 4}$$

f)
$$F(s) = \frac{4}{s^2 - 6s + 13}$$

Aufgabe 14.5

a)
$$F(s) = \frac{3}{s - 1} + \frac{1}{s + 1} - \frac{1}{2}\frac{1}{s - 2}$$

b)
$$F(s) = \frac{2}{s - 4} - \frac{1}{(s - 4)^2} + \frac{1}{(s - 4)^3}$$

c)
$$F(s) = \frac{2s + 1}{s^2 + 4} + \frac{1}{2s}$$

d)
$$F(s) = \frac{1}{s - 3} + \frac{3s + 4}{s^2 - 6s + 11}$$

Aufgabe 14.6

Die folgenden Originalfunktionen können nach Partialbruchzerlegung bestimmt werden.

a)
$$F(s) = \frac{4s - 9}{s^2 - 8s + 15}$$

b)
$$F(s) = \frac{s^2 + 3}{s^3 + 2s^2 + s}$$

c)
$$F(s) = \frac{s^2 + 2s + 3}{(s + 2)^3}$$

d)
$$F(s) = \frac{2s^2 - 3s + 6}{(s - 2)(s^2 + 4)}$$

Aufgabe 14.7

Die Originalfunktionen der folgenden Bildfunktionen berechne man zum Vergleich jeweils einmal mit dem Faltungsprodukt und einmal mittels Partialbruchzerlegung.

a)
$$F(s) = \frac{1}{(s-1)(s+2)}$$

b)
$$F(s) = \frac{1}{(s^2+4)s}$$

Anfangswertprobleme

Die in den folgenden Aufgaben vorkommenden Anfangswertprobleme löse man mithilfe der Laplace-Transformation.

Aufgabe 14.8

a)
$$y' - 3y + 6 = 0 , y(0) = 0$$

d)
$$y' + 2y = e^{3t} , y(0) = 0$$

b)
$$y' + 2y = 1 , y(0) = 1$$

e)
$$y' + 3y = -\cos t , y(0) = 5$$

c)
$$y' - y = e^{-2t} , y(0) = 0$$

f)
$$y' - y = \frac{1}{2}\sin(t) , y(0) = 0$$

Aufgabe 14.9

a)
$$y'' + y = 0$$
$$y(0) = 0, \ y'(0) = 1$$

c)
$$y'' + 8y' + 17y = 0$$
$$y(0) = 0, \ y'(0) = 3$$

b)
$$y'' + y' + \frac{1}{4}y = 0$$
$$y(0) = 1, \ y'(0) = -1$$

d)
$$y'' - y' + y = 0$$
$$y(0) = 0, \ y'(0) = 1$$

Aufgabe 14.10

a)

$$y'' + 4y = t$$
$$y(0) = y'(0) = 1$$

b)

$$y'' + 2y' + y = t$$
$$y(0) = y'(0) = 0$$

c)

$$y'' - 2y' - 8y = e^{2t}$$
$$y(0) = y'(0) = 1$$

d)

$$2y'' - 4y' + 10y = e^t$$
$$y(0) = y'(0) = 0$$

e)

$$y'' + 4y' + 4y = 8\cos(2t)$$
$$y(0) = 1, y'(0) = -4$$

f)

$$y'' - 3y' + 2y = 2\sin t$$
$$y(0) = 1, y'(0) = \frac{4}{5}$$

Lösungen

1. Komplexe Zahlen

Normalform

Aufgabe 1.1

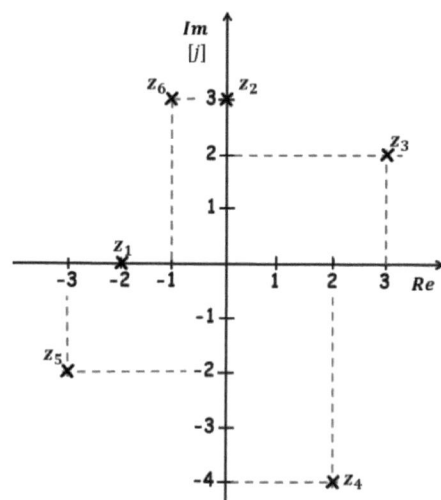

Aufgabe 1.2

a)
$$\overline{z_1} = 1 + j$$

b)
$$\overline{z_2} = -\frac{3}{4} - j$$

c)
$$\overline{z_3} = 1{,}5 + 2j$$

d)
$$\overline{z_4} = \sqrt{3} + \sqrt{6}j$$

e)
$$\overline{z_5} = 3j$$

f)
$$\overline{z_6} = 3$$

Aufgabe 1.3

a)
$$5 - j$$

b)
$$-3 - 2j$$

c)
$$\frac{3}{4} - \frac{1}{4}j$$

d)
$$-1 + 4j$$

e)
$$3 + j$$

f)
$$1 + 2j$$

Aufgabe 1.4

a)
$$z = 12 + 5j$$

b)
$$z = -2 + 2j$$

c)
$$z = 1 + j$$

d)
$$z = \frac{7}{25} - \frac{24}{25}j$$

Aufgabe 1.5

$$z = \frac{1 - j - (-2j)}{2j \cdot (-1 - 3j)} = \frac{1 + j}{6 - 2j} = \frac{(1 + j)(6 + 2j)}{(6 - 2j)(6 + 2j)} = \frac{1}{10} + \frac{1}{5}j$$

Aufgabe 1.6

$$z = \frac{-4j + (-1 - j)}{(3 + 2j) \cdot (-1 + j)} = \frac{-1 - 5j}{-5 + j} = \frac{(-1 - 5j) \cdot (-5 - j)}{(-5 + j) \cdot (-5 - j)} = j$$

Aufgabe 1.7

a)
$$z = \frac{1}{2} - \frac{3}{2}j$$

b)
$$z = -\frac{1}{2} + \frac{7}{2}j, \quad |z| = \frac{5}{\sqrt{2}}$$

Aufgabe 1.8

Sämtliche quadratische Gleichungen können mit pq-Formel oder quadratischer Ergänzung gelöst werden.

a)
$$x_{1,2} = \pm 5j$$

c)
$$x_{1,2} = -1 \pm 2j$$

e)
$$x_{1,2} = 1 \pm 4j$$

b)
$$x_{1,2} = -2 \pm 3j$$

d)
$$x_{1,2} = 1 \pm 2j$$

f)
$$x_{1,2} = 1 \pm 3j$$

Trigonometrische Form und Exponentialform

Aufgabe 1.9

a)

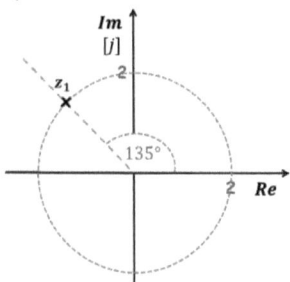

d)

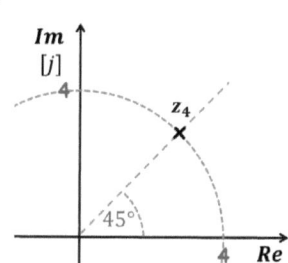

b)

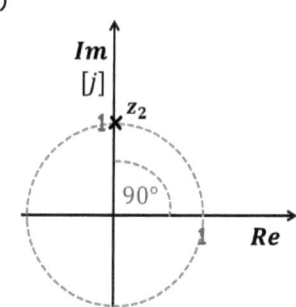

e)

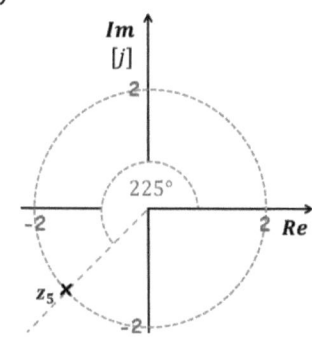

c)

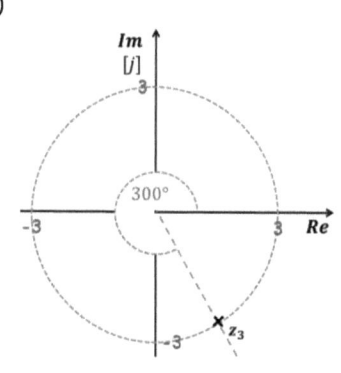

f)

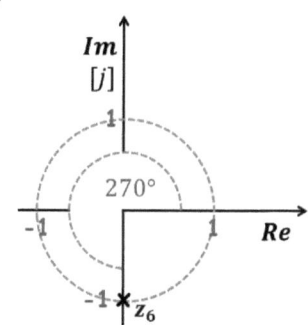

Aufgabe 1.10

a)

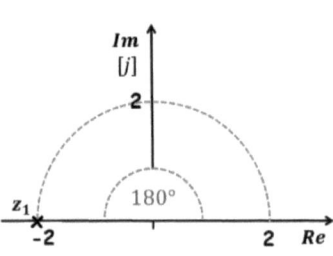

d)

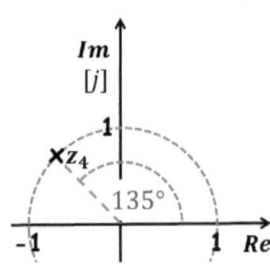

b)

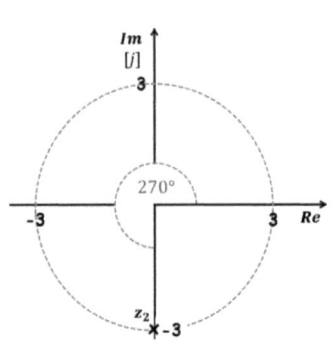

e)

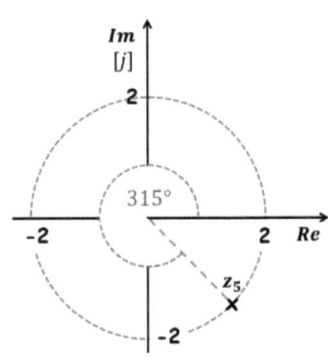

c)

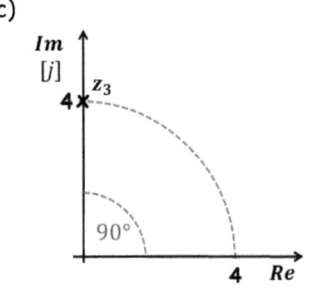

f)

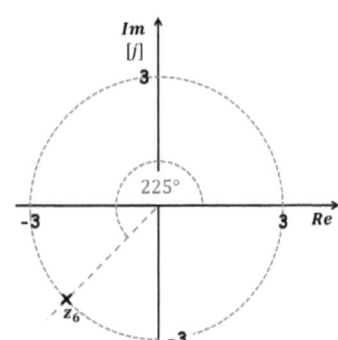

Aufgabe 1.11

a)
$$z = 3(\cos 180° + j\sin 180°)$$
$$z = 3e^{\pi j}$$

b)
$$z = 2(\cos 270° + j\sin 270°)$$
$$z = 2e^{\frac{3}{2}\pi j}$$

c)
$$z = 2(\cos 60° + j\sin 60°)$$
$$z = 2e^{\frac{\pi}{3}j}$$

d)
$$z = 2\sqrt{2}(\cos 315° + j\sin 315°)$$
$$z = 2\sqrt{2}e^{\frac{7}{4}\pi j}$$

e)
$$z = \sqrt{2}(\cos 135° + j\sin 135°)$$
$$z = \sqrt{2}e^{\frac{3}{4}\pi j}$$

f)
$$z = 2\sqrt{3}(\cos 210° + j\sin 210°)$$
$$z = 2\sqrt{3}e^{\frac{7}{6}\pi j}$$

Aufgabe 1.12

a)
$$2(\cos 90° + j\sin 90°)$$

b)
$$2(\cos 225° + j\sin 225°)$$

c)
$$4(\cos 150° + j\sin 150°)$$

d)
$$\sqrt{2}(\cos 135° + j\sin 135°)$$

e)
$$\frac{1}{2}(\cos 240° + j\sin 240°)$$

f)
$$8(\cos 40° + j\sin 40°)$$

Aufgabe 1.13

a)
$$\frac{1}{2}e^{\frac{4}{3}\pi j}$$

b)
$$2e^{\frac{5}{4}\pi j}$$

c)
$$3e^{\frac{\pi}{6}j}$$

d)
$$\frac{1}{3}e^{\frac{3}{8}\pi j}$$

e)
$$4e^{1,54j}$$

f)
$$2e^{j}$$

Gemischte Aufgaben

Aufgabe 1.14

	z_1	z_2	z_3
Normal-form	$-1 + \sqrt{3}\,j$	$\dfrac{1}{4} + \dfrac{\sqrt{3}}{4}\,j$	$\dfrac{3}{\sqrt{2}} + \dfrac{3}{\sqrt{2}}\,j$
Trigono-metrische Form	$2(\cos 120° + j\sin 120°)$	$\dfrac{1}{2}(\cos 60° + j\sin 60°)$	$3(\cos 45° + j\sin 45°)$
Expo-nential-form	$2e^{\frac{2}{3}\pi j}$	$\dfrac{1}{2}e^{\frac{\pi}{3}j}$	$3e^{\frac{\pi}{4}j}$

Aufgabe 1.15

	z_1	z_2	z_3
Normal-form	$2 - 2j$	$1 + j$	$2j$
Trigono-metr. Form	$\sqrt{8}(\cos 315° + j\sin 315°)$	$\sqrt{2}(\cos 45° + j\sin 45°)$	$2(\cos 90° + j\sin 90°)$
Expo-nential-form	$\sqrt{8}e^{\frac{7}{4}\pi j}$	$\sqrt{2}e^{\frac{\pi}{4}j}$	$2e^{\frac{\pi}{2}j}$

Aufgabe 1.16

a)
$$z = 4 - 4j$$

b)
$$z = 8j$$

Aufgabe 1.17

a)

$$1 = 1\left(\cos 0° + j\sin 0°\right)$$

$$z_0 = 1\left(\cos 0° + j\sin 0°\right) = 1$$

$$z_1 = 1\left(\cos 60° + j\sin 60°\right) = \frac{1}{2} + \frac{\sqrt{3}}{2}j$$

$$z_2 = 1\left(\cos 120° + j\sin 120°\right) = -\frac{1}{2} + \frac{\sqrt{3}}{2}j$$

$$z_3 = 1\left(\cos 180° + j\sin 180°\right) = -1$$

$$z_4 = 1\left(\cos 240° + j\sin 240°\right) = -\frac{1}{2} - \frac{\sqrt{3}}{2}j$$

$$z_5 = 1\left(\cos 300° + j\sin 300°\right) = \frac{1}{2} - \frac{\sqrt{3}}{2}j$$

b)

$$j = 1\left(\cos 90° + j\sin 90°\right)$$

$$z_0 = 1\left(\cos 30° + j\sin 30°\right) = \frac{\sqrt{3}}{2} + \frac{1}{2}j$$

$$z_1 = 1\left(\cos 150° + j\sin 150°\right) = -\frac{\sqrt{3}}{2} + \frac{1}{2}j$$

$$z_2 = 1\left(\cos 270° + j\sin 270°\right) = -j$$

c)

$$-2 + 2j = \sqrt{8}\left(\cos 135° + j\sin 135°\right)$$

$$z_0 = \sqrt{2}\left(\cos 45° + j\sin 45°\right) = \sqrt{2}\left(\frac{\sqrt{2}}{2} + j\frac{\sqrt{2}}{2}\right) = 1 + j$$

$$z_1 = \sqrt{2}\left(\cos 165° + j\sin 165°\right) \approx -1{,}366 + 0{,}366j$$

$$z_2 = \sqrt{2}\left(\cos 285° + j\sin 285°\right) \approx 0{,}366 - 1{,}366j$$

Aufgabe 1.18

a)

$$x_0 = 1 + \sqrt{3}j$$
$$x_1 = -2$$
$$x_2 = 1 - \sqrt{3}j$$

b)

$$x_0 = 1 + j$$
$$x_1 = -1 + j$$
$$x_2 = -1 - j$$
$$x_3 = 1 - j$$

Aufgabe 1.19

a)

$$\ln 2 + \pi j$$

b)

$$\frac{3\ln 2}{2} + \frac{7}{4}\pi j$$

2. Vektorrechnung und Analytische Geometrie

Koordinaten, Länge und Richtung

Aufgabe 2.1

a)
$$\overrightarrow{PQ} = \begin{pmatrix} 4 \\ -6 \end{pmatrix}$$

b)
$$\overrightarrow{P_1P_2} = \begin{pmatrix} -1 \\ 5 \end{pmatrix}$$

c)
$$\overrightarrow{AB} = \begin{pmatrix} 1 \\ -2 \\ -1 \end{pmatrix}$$

d)
$$\overrightarrow{AC} = \begin{pmatrix} -1 \\ -1 \\ 1 \end{pmatrix}$$

e)
$$\overrightarrow{BD} = \begin{pmatrix} 0 \\ -1 \\ 3 \end{pmatrix}$$

f)
$$\overrightarrow{XY} = \begin{pmatrix} 1 \\ 0 \\ 1 \end{pmatrix}$$

Aufgabe 2.2
Der gesuchte Abstand ist jeweils die Länge des Verbindungsvektors.

a)
$$d = \|\overrightarrow{AB}\| = \left\| \begin{pmatrix} -3 \\ 4 \end{pmatrix} \right\| = 5 \ (LE)^1$$

b)
$$d = \|\overrightarrow{EF}\| = \left\| \begin{pmatrix} 1 \\ -4 \end{pmatrix} \right\| = \sqrt{17} \ (LE)$$

c)
$$d = \|\overrightarrow{AB}\| = \left\| \begin{pmatrix} -2 \\ 1 \\ 2 \end{pmatrix} \right\| = 3 \ (LE)$$

d)
$$d = \|\overrightarrow{CD}\| = \left\| \begin{pmatrix} 6 \\ 0 \\ 8 \end{pmatrix} \right\| = 10 \ (LE)$$

e)
$$d = \|\overrightarrow{PQ}\| = \left\| \begin{pmatrix} 0 \\ 1 \\ 3 \end{pmatrix} \right\| = \sqrt{10} \ (LE)$$

f)
$$d = \|\overrightarrow{OP}\| = \left\| \begin{pmatrix} -2 \\ 1 \\ 2 \end{pmatrix} \right\| = 3 \ (LE)$$

---

[1] LE: Längeneinheiten

Aufgabe 2.3

a)

$$\vec{AB} = \begin{pmatrix} 1 \\ 7 \\ -1 \end{pmatrix}, \vec{BC} = \begin{pmatrix} -4 \\ 2 \\ 2 \end{pmatrix}$$

b)

$$\vec{OD} = \vec{OA} + \vec{BC} = \begin{pmatrix} -3 \\ 3 \\ 4 \end{pmatrix}$$

$$D(-3; 3; 4)$$

c)

$$\vec{AC} = \vec{OC} - \vec{OA} = \begin{pmatrix} -3 \\ 9 \\ 1 \end{pmatrix}, \vec{BD} = \vec{OD} - \vec{OB} = \begin{pmatrix} -5 \\ -5 \\ 3 \end{pmatrix}$$

Aufgabe 2.4

Die drei Seitenlängen sind die Längen der Verbindungsvektoren $\vec{AB}, \vec{AC}$ und $\vec{BC}$.

$$\|\vec{AB}\| = \|\vec{OB} - \vec{OA}\| = \left\| \begin{pmatrix} -1 \\ 1 \\ 1 \end{pmatrix} \right\| = \sqrt{3} \ (LE)$$

$$\|\vec{AC}\| = \|\vec{OC} - \vec{OA}\| = \left\| \begin{pmatrix} -1 \\ 0 \\ 2 \end{pmatrix} \right\| = \sqrt{5} \ (LE)$$

$$\|\vec{BC}\| = \|\vec{OC} - \vec{OB}\| = \left\| \begin{pmatrix} 0 \\ -1 \\ 1 \end{pmatrix} \right\| = \sqrt{2} \ (LE)$$

Aufgabe 2.5

$$\|\vec{a}\| = \left\| \begin{pmatrix} 3 \\ 6 \\ 2 \end{pmatrix} \right\| = 7, \vec{v} = 3 \cdot \vec{a} = \begin{pmatrix} 9 \\ 18 \\ 6 \end{pmatrix}$$

Aufgabe 2.6

a)

$$\|\vec{a}\| = 3, \vec{e} = \frac{1}{\|\vec{a}\|} \cdot \vec{a} = \frac{1}{3} \cdot \begin{pmatrix} 2 \\ 1 \\ -2 \end{pmatrix}$$

b)

$$\vec{b} = \frac{3}{2} \cdot \vec{e} = \begin{pmatrix} 1 \\ 1 \\ 2 \\ -1 \end{pmatrix}$$

Aufgabe 2.7

a)
$$\vec{b} = -1 \cdot \vec{a} = \begin{pmatrix} 1 \\ -2 \\ 3 \end{pmatrix}$$

b)
$$\vec{c} = 2 \cdot \vec{a} = \begin{pmatrix} -2 \\ 4 \\ -6 \end{pmatrix}$$

c)
$$\vec{d} = -3 \cdot \vec{a} = \begin{pmatrix} 3 \\ -6 \\ 9 \end{pmatrix}$$

Aufgabe 2.8

Vektor $\overrightarrow{PQ}$ mit der Richtung von $\vec{v}$ und der Länge 18:

$$\overrightarrow{PQ} = \frac{18}{\|\vec{v}\|} \vec{v} = 6 \cdot \vec{v} = \begin{pmatrix} 6 \\ 12 \\ 12 \end{pmatrix}$$

Ortsvektor zum Punkt Q: $\overrightarrow{OQ} = \overrightarrow{OP} + \overrightarrow{PQ} = \begin{pmatrix} 1 \\ -8 \\ 2 \end{pmatrix} + \begin{pmatrix} 6 \\ 12 \\ 12 \end{pmatrix} = \begin{pmatrix} 7 \\ 4 \\ 14 \end{pmatrix}$

$Q(7; 4; 14)$

Aufgabe 2.9

Vektor $\overrightarrow{AP}$ mit der Richtung von $\vec{b}$ und der Länge 3:

$$\overrightarrow{AP} = 3 \cdot \frac{1}{\|\vec{b}\|} \vec{b} = \frac{3}{2} \begin{pmatrix} \sqrt{2} \\ 1 \\ 1 \end{pmatrix}$$

Ortsvektor zum Punkt P: $\overrightarrow{OP} = \overrightarrow{OA} + \overrightarrow{AP} = \begin{pmatrix} -\frac{3}{\sqrt{2}} \\ \frac{1}{2} \\ -\frac{1}{2} \end{pmatrix} + \begin{pmatrix} \frac{3}{\sqrt{2}} \\ \frac{3}{2} \\ \frac{3}{2} \end{pmatrix} = \begin{pmatrix} 0 \\ 2 \\ 1 \end{pmatrix}$

$P(0; 2; 1)$

Aufgabe 2.10

$$\vec{b}_{\vec{a}} = \frac{\vec{a} \cdot \vec{b}}{\|\vec{a}\|^2} \cdot \vec{a} = \frac{5}{25} \cdot \begin{pmatrix} 5 \\ 0 \\ 0 \end{pmatrix} = \begin{pmatrix} 1 \\ 0 \\ 0 \end{pmatrix}$$

Aufgabe 2.11

a) linear unabhängig   b) linear unabhängig   c) linear abhängig

Aufgabe 2.12

a) linear abhängig   b) linear abhängig   c) linear unabhängig

Eingeschlossener Winkel

Aufgabe 2.13

Zwei Vektoren ($\neq \vec{0}$) schließen genau dann einen rechten Winkel ein, wenn ihr Skalarprodukt 0 ist.

a)
$$\begin{pmatrix} 1 \\ 0 \\ -1 \end{pmatrix} \cdot \begin{pmatrix} 2 \\ -2 \\ 1 \end{pmatrix} = 1 \neq 0, \text{also nein}$$

b)
$$\begin{pmatrix} 3 \\ 6 \\ 3 \end{pmatrix} \cdot \begin{pmatrix} 0 \\ 4 \\ -8 \end{pmatrix} = 0, \text{also ja}$$

Aufgabe 2.14

a)
$$\begin{pmatrix} 1 \\ x \\ 2 \end{pmatrix} \cdot \begin{pmatrix} 0 \\ 2 \\ 1 \end{pmatrix} = 0 \Leftrightarrow 2x + 2 = 0 \Leftrightarrow x = -1$$

b)
$$\begin{pmatrix} 4 \\ 1 \\ 1 \end{pmatrix} \cdot \begin{pmatrix} x \\ 1 \\ 1 \end{pmatrix} = 0 \Leftrightarrow 4x + 2 = 0 \Leftrightarrow x = -\frac{1}{2}$$

Aufgabe 2.15

$\vec{a} \times \vec{b} \perp \vec{a}$ und $\vec{a} \times \vec{b} \perp \vec{b}$. $\vec{a} \times \vec{b} = \begin{pmatrix} -2 \\ 7 \\ 1 \end{pmatrix}$

Aufgabe 2.16

$$\alpha = \arccos \frac{\vec{a} \cdot \vec{b}}{\|\vec{a}\| \cdot \|\vec{b}\|}$$

a) $\alpha = 90°$ b) $\alpha = 180°$ c) $\alpha = 0°$

Flächen- und Rauminhalte

Aufgabe 2.17

a)

$$A_P = \|\vec{a} \times \vec{b}\| = \left\| \begin{pmatrix} 5 \\ 1 \\ -3 \end{pmatrix} \right\| = \sqrt{35} \ (FE)^2$$

b)

$$A_D = \frac{1}{2}\|\vec{a} \times \vec{b}\| = \frac{\sqrt{35}}{2} \ (FE)$$

Aufgabe 2.18

a)

$$A_D = \frac{1}{2}\|\overrightarrow{AB} \times \overrightarrow{AC}\| = \frac{1}{2}\left\| \begin{pmatrix} 2 \\ 1 \\ 1 \end{pmatrix} \right\| = \sqrt{\frac{3}{2}} \ (FE)$$

b)

$$A_D = \frac{1}{2}\left\| \begin{pmatrix} -2 \\ -1 \\ 2 \end{pmatrix} \times \begin{pmatrix} -1 \\ -1 \\ 1 \end{pmatrix} \right\| = \frac{1}{2}\left\| \begin{pmatrix} 1 \\ 0 \\ 1 \end{pmatrix} \right\| = \frac{1}{\sqrt{2}} \ (FE)$$

Aufgabe 2.19

$$\overrightarrow{AB} = \begin{pmatrix} -3 \\ 7 \\ 1 \end{pmatrix}, \overrightarrow{AD} = \begin{pmatrix} -3 \\ 2 \\ -5 \end{pmatrix}, \overrightarrow{AE} = \begin{pmatrix} -1 \\ 1 \\ 3 \end{pmatrix}, V_{SP} = |(\overrightarrow{AB} \times \overrightarrow{AD}) \cdot \overrightarrow{AE}| = 64 \ (VE)^3$$

---

[2] FE: Flächeneinheiten
[3] VE: Volumeneinheiten

Aufgabe 2.20

a)

$$V_{SP} = |(\vec{a} \times \vec{b}) \cdot \vec{c}| = |\begin{pmatrix} -7 \\ 4 \\ 5 \end{pmatrix} \cdot \begin{pmatrix} 5 \\ 1 \\ -3 \end{pmatrix}| = 46 \quad (VE)$$

b)

$$V_{PR} = \frac{1}{2}|(\vec{a} \times \vec{b}) \cdot \vec{c}| = \frac{|-46|}{2} = 23 \quad (VE)$$

c)

$$V_{PY} = \frac{1}{6}|(\vec{a} \times \vec{b}) \cdot \vec{c}| = \frac{23}{3} \quad (VE)$$

Geraden und Ebenen

Aufgabe 2.21

a)

$$g: \vec{x} = \overrightarrow{OA} + \lambda \overrightarrow{AB}, \lambda \in \mathbb{R}$$

$$g: \begin{pmatrix} x \\ y \\ z \end{pmatrix} = \begin{pmatrix} 1 \\ 0 \\ 1 \end{pmatrix} + \lambda \begin{pmatrix} 1 \\ 1 \\ -1 \end{pmatrix}, \lambda \in \mathbb{R}$$

b)

$$g: \vec{x} = \overrightarrow{OP} + \lambda \overrightarrow{PQ}, \lambda \in \mathbb{R}$$

$$g: \begin{pmatrix} x \\ y \\ z \end{pmatrix} = \begin{pmatrix} -2 \\ 4 \\ 3 \end{pmatrix} + \lambda \begin{pmatrix} 5 \\ -2 \\ 5 \end{pmatrix}, \lambda \in \mathbb{R}$$

Aufgabe 2.22

$$d = \frac{\| \begin{pmatrix} 1 \\ 1 \\ 1 \end{pmatrix} \times \left(\begin{pmatrix} 2 \\ 1 \\ 1 \end{pmatrix} - \begin{pmatrix} 1 \\ 0 \\ 1 \end{pmatrix} \right) \|}{\| \begin{pmatrix} 1 \\ 1 \\ 1 \end{pmatrix} \|} = \sqrt{\frac{2}{3}} \quad (LE)$$

Aufgabe 2.23

$$g: \begin{pmatrix} x \\ y \\ z \end{pmatrix} = \begin{pmatrix} 1 \\ 0 \\ 1 \end{pmatrix} + \lambda \begin{pmatrix} 1 \\ 1 \\ -1 \end{pmatrix}, \lambda \in \mathbb{R} \qquad d = \frac{\| \begin{pmatrix} 1 \\ 1 \\ -1 \end{pmatrix} \times \left(\begin{pmatrix} 1 \\ 2 \\ 0 \end{pmatrix} - \begin{pmatrix} 1 \\ 0 \\ 1 \end{pmatrix} \right) \|}{\sqrt{3}} = \sqrt{2} \quad (LE)$$

Aufgabe 2.24

a)

$$H: \vec{x} = \overrightarrow{OA} + \lambda\overrightarrow{AB} + \mu\overrightarrow{AC}$$

$$H: \begin{pmatrix} x \\ y \\ z \end{pmatrix} = \begin{pmatrix} 1 \\ 3 \\ -2 \end{pmatrix} + \lambda\begin{pmatrix} -1 \\ -4 \\ 4 \end{pmatrix} + \mu\begin{pmatrix} -3 \\ -3 \\ 6 \end{pmatrix} \quad (\lambda,\mu \in \mathbb{R})$$

b)

$$H: \vec{x} = \overrightarrow{OP_1} + \lambda\overrightarrow{P_1P_2} + \mu\overrightarrow{P_1P_3}$$

$$H: \begin{pmatrix} x \\ y \\ z \end{pmatrix} = \begin{pmatrix} 0 \\ -1 \\ 2 \end{pmatrix} + \lambda\begin{pmatrix} 1 \\ 3 \\ -2 \end{pmatrix} + \mu\begin{pmatrix} 2 \\ 2 \\ -1 \end{pmatrix} \quad (\lambda,\mu \in \mathbb{R})$$

Aufgabe 2.25

a) Die Vektorgleichung

$$\begin{pmatrix} -2 \\ 0 \\ 0 \end{pmatrix} = \begin{pmatrix} 1 \\ 3 \\ -2 \end{pmatrix} + \lambda\begin{pmatrix} -1 \\ -4 \\ 4 \end{pmatrix} + \mu\begin{pmatrix} 1 \\ 1 \\ -2 \end{pmatrix}$$

ist nicht erfüllbar, da das Gleichungssystem

$$1 - \lambda + \mu = -2$$
$$3 - 4\lambda + \mu = 0$$
$$-2 + 4\lambda - 2\mu = 0$$

keine Lösung hat. Somit liegt der Punkt $P(-2; 0; 0)$ nicht in der Ebene.

b) Die Vektorgleichung

$$\begin{pmatrix} 3 \\ 0 \\ 2 \end{pmatrix} = \begin{pmatrix} 0 \\ -1 \\ 2 \end{pmatrix} + \lambda\begin{pmatrix} 1 \\ 3 \\ -2 \end{pmatrix} + \mu\begin{pmatrix} 2 \\ 2 \\ -1 \end{pmatrix} \Leftrightarrow \begin{cases} \lambda + 2\mu = 3 \\ 3\lambda + 2\mu = 1 \\ -2\lambda - \mu = 0 \end{cases}$$

ist für $\lambda = -1$ und $\mu = 2$ erfüllt. Somit liegt $P(3; 0; 2)$ in der Ebene.

Aufgabe 2.26

a)

$$E: \vec{x} = \overrightarrow{OP_1} + \lambda\overrightarrow{P_1P_2} + \mu\overrightarrow{P_1P_3}$$

$$E: \begin{pmatrix} x \\ y \\ z \end{pmatrix} = \begin{pmatrix} 1 \\ 3 \\ 0 \end{pmatrix} + \lambda\begin{pmatrix} 3 \\ -4 \\ 2 \end{pmatrix} + \lambda\begin{pmatrix} 2 \\ -3 \\ 1 \end{pmatrix}, \lambda, \mu \in \mathbb{R}$$

b)

$$\vec{n} = \overrightarrow{P_1P_2} \times \overrightarrow{P_1P_3} = \begin{pmatrix} 2 \\ 1 \\ -1 \end{pmatrix}$$

c)

$$d = \frac{\left| \begin{pmatrix} 2 \\ 1 \\ -1 \end{pmatrix} \cdot \left(\begin{pmatrix} 4 \\ 3 \\ 0 \end{pmatrix} - \begin{pmatrix} 1 \\ 3 \\ 0 \end{pmatrix} \right) \right|}{\sqrt{6}} = \sqrt{6} \ (LE)$$

Aufgabe 2.27

a)

$$\begin{pmatrix} -1 \\ 2 \\ -1 \end{pmatrix} \cdot \begin{pmatrix} x \\ y \\ z \end{pmatrix} = \begin{pmatrix} -1 \\ 2 \\ -1 \end{pmatrix} \cdot \begin{pmatrix} 5 \\ 1 \\ 5 \end{pmatrix} \Leftrightarrow -x + 2y - z = -8$$

$$E: -x + 2y - z = -8$$

b)

Die Koordinaten des Punktes Q erfüllen die Ebenengleichung, also liegt der Punkt in der Ebene.

Aufgabe 2.28

a)

$$\begin{pmatrix} 2 \\ 0 \\ -1 \end{pmatrix} \cdot \begin{pmatrix} x \\ y \\ z \end{pmatrix} = \begin{pmatrix} 2 \\ 0 \\ -1 \end{pmatrix} \cdot \begin{pmatrix} 1 \\ 1 \\ 1 \end{pmatrix} \Leftrightarrow 2x - z = 1$$

$$E: 2x - z = 1$$

b)

$$d = \frac{\left| \begin{pmatrix} 2 \\ 0 \\ -1 \end{pmatrix} \cdot \left(\begin{pmatrix} 4 \\ 8 \\ 3 \end{pmatrix} - \begin{pmatrix} 1 \\ 1 \\ 1 \end{pmatrix} \right) \right|}{\sqrt{5}} = \frac{4}{\sqrt{5}} \quad (LE)$$

Gemischte Aufgaben

Aufgabe 2.29

a)

$$\overrightarrow{OC} = \overrightarrow{OB} + \overrightarrow{AD} = \begin{pmatrix} 2 \\ 5 \end{pmatrix}$$

$$C(2; 5)$$

b)

$$a = c = \|\overrightarrow{AB}\| = \left\| \begin{pmatrix} 2 \\ 1 \end{pmatrix} \right\| = \sqrt{5} \quad (LE)$$

$$b = d = \|\overrightarrow{AD}\| = \left\| \begin{pmatrix} 1 \\ 3 \end{pmatrix} \right\| = \sqrt{10} \quad (LE)$$

c)

$$\alpha = \gamma = \arccos \frac{\overrightarrow{AB} \cdot \overrightarrow{AD}}{\|\overrightarrow{AB}\| \cdot \|\overrightarrow{AD}\|} = 45°, \beta = \delta = 180° - 45° = 135°$$

Aufgabe 2.30

a)

$$\overrightarrow{OC} = \overrightarrow{OB} + \overrightarrow{AD} = \begin{pmatrix} 1 \\ 7 \\ 9 \end{pmatrix}$$

$$C(1; 7; 9)$$

b)

$$d = \|\overrightarrow{AD}\| = \left\| \begin{pmatrix} 0 \\ 3 \\ 4 \end{pmatrix} \right\| = 5 \quad (LE)$$

c)

$$A_P = \|\overrightarrow{AB} \times \overrightarrow{AD}\| = \left\| \begin{pmatrix} 2 \\ 3 \\ 6 \end{pmatrix} \times \begin{pmatrix} 0 \\ 3 \\ 4 \end{pmatrix} \right\| = \left\| \begin{pmatrix} -6 \\ -8 \\ 6 \end{pmatrix} \right\| = 2\sqrt{34} \quad (FE)$$

Aufgabe 2.31

a)
$$\overrightarrow{OC} = \overrightarrow{OB} + \overrightarrow{AD} = \begin{pmatrix} 12 \\ 1 \\ 8 \end{pmatrix}$$

$C(12; 1; 8)$

b)
$$\overrightarrow{AB} = \begin{pmatrix} 3 \\ 0 \\ 4 \end{pmatrix}, \; a = c = \left\| \overrightarrow{AB} \right\| = 5 \; (LE)$$

$$\overrightarrow{AD} = \begin{pmatrix} 7 \\ 0 \\ 1 \end{pmatrix}, \; b = d = \left\| \overrightarrow{AD} \right\| = 5\sqrt{2} \; (LE)$$

c)
$$\alpha = \arccos \frac{\overrightarrow{AB} \cdot \overrightarrow{AD}}{\left\| \overrightarrow{AB} \right\| \cdot \left\| \overrightarrow{AD} \right\|} = \arccos \frac{1}{\sqrt{2}} = 45° = \gamma, \beta = \delta = 135°$$

d)
$$AC = \left\| \begin{pmatrix} 10 \\ 0 \\ 5 \end{pmatrix} \right\| = 5\sqrt{5} \; (LE)$$

Aufgabe 2.32

a)
$$\left\| \overrightarrow{AB} \right\| = \left\| \begin{pmatrix} 2 \\ 3 \\ 6 \end{pmatrix} \right\| = 7 \; (LE)$$

b)
$$A_D = \frac{\left\| \overrightarrow{AB} \times \overrightarrow{AC} \right\|}{2} = \frac{1}{2} \cdot \left\| \begin{pmatrix} 2 \\ 3 \\ 6 \end{pmatrix} \times \begin{pmatrix} 0 \\ 3 \\ 4 \end{pmatrix} \right\| = \frac{1}{2} \cdot \left\| \begin{pmatrix} -6 \\ -8 \\ 6 \end{pmatrix} \right\| = \sqrt{34} \; (FE)$$

Aufgabe 2.33

a)
$$\overrightarrow{BC} = \begin{pmatrix} -7 \\ 1 \\ 0 \end{pmatrix}, a = \left\| \overrightarrow{BC} \right\| = 5\sqrt{2} \; (LE)$$

$$\overrightarrow{AC} = \begin{pmatrix} -3 \\ 4 \\ 0 \end{pmatrix}, b = \left\| \overrightarrow{AC} \right\| = 5 \; (LE) \quad \overrightarrow{AB} = \begin{pmatrix} 4 \\ 3 \\ 0 \end{pmatrix}, c = \left\| \overrightarrow{AB} \right\| = 5 \; (LE)$$

b)

$$\gamma = \arccos \frac{\vec{CA} \cdot \vec{CB}}{\|\vec{CA}\| \cdot \|\vec{CB}\|} = \arccos \frac{1}{\sqrt{2}} = 45°$$

c)

$$A_D = \frac{1}{2} \cdot \|\vec{AB} \times \vec{AC}\| = \frac{1}{2} \cdot \left\| \begin{pmatrix} 4 \\ 3 \\ 0 \end{pmatrix} \times \begin{pmatrix} -3 \\ 4 \\ 0 \end{pmatrix} \right\| = \frac{1}{2} \cdot \left\| \begin{pmatrix} 0 \\ 0 \\ 25 \end{pmatrix} \right\| = \frac{25}{2} \quad (FE)$$

Aufgabe 2.34

a)

$$\vec{OM_C} = \vec{OA} + \frac{1}{2}\vec{AB} = \begin{pmatrix} \frac{9}{2} \\ 3 \\ -1 \end{pmatrix} \quad M_C\left(\frac{9}{2}; 3; -1\right)$$

b)

$$s_C = \|\vec{M_C C}\| \approx 11{,}37 \ (LE)$$

c)

$$\vec{OS} = \vec{OM_C} + \frac{1}{3}\vec{M_C C} = \vec{OC} + \frac{2}{3}\vec{CM_C} = \begin{pmatrix} \frac{10}{3} \\ 5 \\ 2 \end{pmatrix} \quad S\left(\frac{10}{3}; 5; 2\right)$$

Aufgabe 2.35

Wegen $\|\vec{AB}\| = \|\vec{AC}\| \neq \|\vec{BC}\|$ ist das Dreieck gleichschenklig, aber nicht gleichseitig.
Weil $\vec{AB} \cdot \vec{AC} \neq 0, \vec{BA} \cdot \vec{BC} \neq 0$ und $\vec{CA} \cdot \vec{CB} \neq 0$ ist keiner der drei Winkel ein 90°-Winkel. Das Dreieck ist also nicht rechtwinklig.

Aufgabe 2.36

a)

$$A_D = \frac{1}{2}\left\|\overrightarrow{AB} \times \overrightarrow{BC}\right\| = \sqrt{170} \ (FE)$$

b)

$$D(3;\ -1;\ 1)$$

c)

$$a = c = 9 \ (LE)$$

$$b = d = 3 \ (LE)$$

d)

$$e = 2\sqrt{26} \ (LE)$$

$$f = 2\sqrt{19} \ (LE)$$

e)

$$\varphi = \arccos \frac{\overrightarrow{AC} \cdot \overrightarrow{BD}}{\left\|\overrightarrow{AC}\right\| \cdot \left\|\overrightarrow{BD}\right\|} \approx 144{,}08°$$

Aufgabe 2.37

a)

$$\overrightarrow{BD} = \begin{pmatrix} 2 \\ 2 \\ 2 \end{pmatrix}$$

$$BD = \left\|\overrightarrow{BD}\right\| = 2\sqrt{3} \ (LE)$$

b)

$$\varepsilon = \arccos \frac{\overrightarrow{BC} \cdot \overrightarrow{BD}}{BC \cdot BD}$$

$$= \arccos \frac{12}{\sqrt{26} \cdot \sqrt{12}} \approx 47{,}21°$$

c)

$$A_D = \frac{1}{2}\left\|\overrightarrow{BC} \times \overrightarrow{BD}\right\| = \sqrt{42} \ (FE)$$

d)

$$g: \begin{pmatrix} x \\ y \\ z \end{pmatrix} = \begin{pmatrix} 6 \\ 0 \\ 4 \end{pmatrix} + \lambda \begin{pmatrix} 1 \\ 1 \\ 1 \end{pmatrix}, \lambda \in \mathbb{R}$$

e)

Der Ortsvektor $\overrightarrow{OE} = \begin{pmatrix} 4 \\ -2 \\ 2 \end{pmatrix}$ erfüllt mit $\lambda = -2$ die Geradengleichung,

also $E \in g$.

Aufgabe 2.38

a)

$$C(1;\ 4;\ 2)$$

b)

$$\beta = \arccos \frac{\overrightarrow{BA} \cdot \overrightarrow{BC}}{\left\|\overrightarrow{BA}\right\| \cdot \left\|\overrightarrow{BC}\right\|} \approx 53{,}96°$$

c)

Nein, $\left\|\overrightarrow{AB}\right\| = \sqrt{13} \ (LE)$, $\left\|\overrightarrow{AC}\right\| = 3 \ (LE)$, $\left\|\overrightarrow{BC}\right\| = 2\sqrt{2} \ (LE)$

d)

$$A_D = \frac{1}{2} \|\overrightarrow{AB} \times \overrightarrow{AC}\| = \sqrt{17} \ (FE)$$

e)

$$g: \begin{pmatrix} x \\ y \\ z \end{pmatrix} = \begin{pmatrix} 0 \\ 2 \\ 4 \end{pmatrix} + \lambda \cdot \begin{pmatrix} 3 \\ 0 \\ -2 \end{pmatrix}, \lambda \in \mathbb{R}$$

f)

$$E: \begin{pmatrix} x \\ y \\ z \end{pmatrix} = \begin{pmatrix} 0 \\ 2 \\ 4 \end{pmatrix} + \lambda \cdot \begin{pmatrix} 3 \\ 0 \\ -2 \end{pmatrix} + \mu \cdot \begin{pmatrix} 1 \\ 2 \\ -2 \end{pmatrix}, \lambda, \mu \in \mathbb{R}$$

g)

$$P \notin E$$

Aufgabe 2.39

a)

$$\overrightarrow{OB} = \overrightarrow{OA} + \overrightarrow{DC} = \begin{pmatrix} -3 \\ 1 \\ 3 \end{pmatrix} + \begin{pmatrix} 4 \\ 2 \\ 0 \end{pmatrix} = \begin{pmatrix} 1 \\ 3 \\ 3 \end{pmatrix}, B(1; 3; 3)$$

b)

$$\overline{AD} = \|\overrightarrow{AD}\| = \sqrt{6} \ \ (LE)$$

c)

$$\varepsilon = \arccos \frac{\overrightarrow{AC} \cdot \overrightarrow{AD}}{\|\overrightarrow{AC}\| \cdot \|\overrightarrow{AD}\|} \approx 15{,}62°$$

d) Z.B.

(i) $$H: \begin{pmatrix} x \\ y \\ z \end{pmatrix} = \begin{pmatrix} -3 \\ 1 \\ 3 \end{pmatrix} + \lambda \begin{pmatrix} 6 \\ 3 \\ 1 \end{pmatrix} + \mu \begin{pmatrix} 2 \\ 1 \\ 1 \end{pmatrix}, \lambda, \mu \in \mathbb{R}$$

(ii) $$\vec{n} = \begin{pmatrix} 6 \\ 3 \\ 1 \end{pmatrix} \times \begin{pmatrix} 2 \\ 1 \\ 1 \end{pmatrix} = \begin{pmatrix} 2 \\ -4 \\ 0 \end{pmatrix}, \ H: \begin{pmatrix} 1 \\ -2 \\ 0 \end{pmatrix} \cdot \left[\begin{pmatrix} x \\ y \\ z \end{pmatrix} - \begin{pmatrix} -3 \\ 1 \\ 3 \end{pmatrix} \right] = 0$$

Aufgabe 2.40

$$\overrightarrow{v_R} = \overrightarrow{v_S} + \overrightarrow{v_F}$$

a)

$$v_R = 1{,}5 \frac{m}{s}$$

b)

$$v_R = 0{,}5 \frac{m}{s}$$

c)

$$v_S = 1{,}5 \frac{m}{s}$$

Aufgabe 2.41

$$\vec{v_S} = \begin{pmatrix} v_x \\ v_x \end{pmatrix} \quad \cos 45° = \frac{v_x}{0{,}6}$$

$$\vec{v_R} = \vec{v_S} + \vec{v_F} = \begin{pmatrix} 0{,}42 \\ 0{,}42 \end{pmatrix} + \begin{pmatrix} 2 \\ 0 \end{pmatrix} = \begin{pmatrix} 2{,}42 \\ 0{,}42 \end{pmatrix} \quad v_R = 2{,}46 \; \frac{m}{s}$$

Aufgabe 2.42

a)

$$\vec{v_R} = \vec{v_B} + \vec{v_F} = \begin{pmatrix} 0 \\ 20 \end{pmatrix} + \begin{pmatrix} 10 \\ 0 \end{pmatrix} = \begin{pmatrix} 10 \\ 20 \end{pmatrix} \quad v_R = 22{,}36 \; \frac{km}{h}$$

$$\alpha = \arccos \frac{\vec{v_B} \cdot \vec{v_R}}{v_B \cdot v_R} = \arccos \frac{2}{\sqrt{5}} = 26{,}57° \quad \text{Richtung: } 26{,}57° \, \text{NO}$$

b)

$$\vec{v_B} = \vec{v_R} - \vec{v_F} = \begin{pmatrix} 0 \\ 30 \end{pmatrix} - \begin{pmatrix} 10 \\ 0 \end{pmatrix} = \begin{pmatrix} -10 \\ 30 \end{pmatrix} \quad v_B = 31{,}62 \; \frac{km}{h}$$

$$\alpha = \arccos \frac{\vec{v_B} \cdot \vec{v_R}}{v_B \cdot v_R} = \arccos \frac{3}{\sqrt{10}} = 18{,}43° \quad \text{Richtung: } 18{,}43° \, \text{NW}$$

3. Matrizen und Determinanten

Matrizenrechnung

Aufgabe 3.1

a)
$$rg(A) = 2$$

b)
$$rg(B) = 3$$

c)
$$rg(C) = 3$$

Aufgabe 3.2

a)
$$\begin{pmatrix} 2 & 5 \\ 1 & 5 \\ 7 & 6 \end{pmatrix}$$

c)
$$\begin{pmatrix} 10 & 9 \\ -1 & -6 \end{pmatrix}$$

e)
$$\begin{pmatrix} 5 & 15 \\ 2 & 8 \\ 10 & 20 \end{pmatrix}$$

b)
nicht definiert

d)
nicht definiert

f)
nicht definiert

Aufgabe 3.3

$$AB = \begin{pmatrix} 2 & 27 \\ 22 & 5 \\ -11 & 25 \\ 23 & 3 \end{pmatrix}, BC = \begin{pmatrix} 19 & 26 & 33 & 40 \\ 11 & 14 & 17 & 20 \\ -18 & -16 & -14 & -12 \end{pmatrix}, CA = \begin{pmatrix} 21 & 28 & -1 \\ 61 & 68 & -9 \end{pmatrix}$$

Aufgabe 3.4

$$AB = \begin{pmatrix} 4 & -1 & -2 & -2 \\ -4 & 2 & 6 & 2 \\ 4 & 1 & 6 & -2 \end{pmatrix}, BC = \begin{pmatrix} 3 & -2 & -6 \\ -2 & 5 & -1 \end{pmatrix}, CA = \begin{pmatrix} -1 & -3 \\ 4 & -2 \\ -6 & 0 \\ 7 & 7 \end{pmatrix}$$

Aufgabe 3.5

$$\left. \begin{array}{r} 2x + 2y = 2 \\ x - 2 = -1 \\ -2 + 3y = -2 \end{array} \right\} \Leftrightarrow \begin{cases} x = 1 \\ y = 0 \end{cases}$$

Aufgabe 3.6

Diese Multiplikation vom Typ „(2,3) × (2,2)" ist nicht definiert, da die Spaltenanzahl der linken Matrix nicht mit der Zeilenanzahl der rechten Matrix übereinstimmt. Daher kann es keine passende Variablenbelegung für a und b geben.

Aufgabe 3.7

a)

$$\begin{pmatrix} 2 & -4 \\ 3 & -1 \\ -1 & 2 \end{pmatrix}$$

b)

$$\begin{pmatrix} 9 & 3 & -1 \\ 3 & 1 & -1 \end{pmatrix}$$

Aufgabe 3.8

a)

$$A^{-1} = \begin{pmatrix} \frac{2}{5} & \frac{1}{5} \\ -\frac{3}{10} & \frac{1}{10} \end{pmatrix}$$

b)

$$B^{-1} = \begin{pmatrix} 1 & \frac{1}{2} \\ 0 & \frac{1}{2} \end{pmatrix}$$

c)

C^{-1} existiert nicht, da $\det C = 0$

d)

$$D^{-1} = \begin{pmatrix} -\frac{2}{3} & -\frac{1}{3} \\ -\frac{1}{3} & -\frac{2}{3} \end{pmatrix}$$

Aufgabe 3.9

a)

$$A^{-1} = \begin{pmatrix} \frac{1}{2} & -\frac{1}{4} & -\frac{1}{4} \\ \frac{1}{6} & \frac{1}{12} & -\frac{7}{12} \\ \frac{1}{3} & \frac{1}{6} & -\frac{1}{6} \end{pmatrix}$$

b)

$$B^{-1} = \begin{pmatrix} 1 & \frac{1}{3} & \frac{2}{3} \\ -2 & \frac{1}{3} & -\frac{4}{3} \\ -1 & 0 & -1 \end{pmatrix}$$

c)

C^{-1} existiert nicht, da $\det C = 0$

Aufgabe 3.10

$$X = A^{-1}B$$

a)

$$A^{-1} = \begin{pmatrix} \frac{1}{5} & \frac{2}{5} \\ \frac{2}{5} & -\frac{1}{5} \end{pmatrix}, \; X = \begin{pmatrix} 1 & 1 \\ 1 & 0 \end{pmatrix}$$

b)

$$A^{-1} = \begin{pmatrix} -1 & 0 \\ 2 & 1 \end{pmatrix}, X = \begin{pmatrix} -2 & -1 & 2 \\ 4 & 1 & -3 \end{pmatrix}$$

Eigenwerte und Eigenvektoren

Aufgabe 3.11

a)

$$\det(A - \lambda E) = \det\begin{pmatrix} 2-\lambda & 1 \\ 0 & 1-\lambda \end{pmatrix} = (2-\lambda) \cdot (1-\lambda)$$

Eigenwerte: $\lambda_1 = 1, \lambda_2 = 2$

Eigenvektoren zu $\lambda_1 = 1$:

$$t \cdot \begin{pmatrix} 1 \\ -1 \end{pmatrix}, t \in \mathbb{R} \setminus \{0\}$$

Eigenvektoren zu $\lambda_2 = 2$:

$$t \cdot \begin{pmatrix} 1 \\ 0 \end{pmatrix}, t \in \mathbb{R} \setminus \{0\}$$

b)

$$\det(B - \lambda E) = \det\begin{pmatrix} 1-\lambda & 1 \\ 0 & 3-\lambda \end{pmatrix} = (1-\lambda) \cdot (3-\lambda)$$

Eigenwerte: $\lambda_1 = 1, \lambda_2 = 3$

Eigenvektoren zu $\lambda_1 = 1$:

$$t \cdot \begin{pmatrix} 1 \\ 0 \end{pmatrix}, t \in \mathbb{R} \setminus \{0\}$$

Eigenvektoren zu $\lambda_2 = 3$:

$$t \cdot \begin{pmatrix} 1 \\ 2 \end{pmatrix}, t \in \mathbb{R} \setminus \{0\}$$

c)

$$\det(C - \lambda E) = \begin{vmatrix} 3-\lambda & -1 \\ 1 & 1-\lambda \end{vmatrix} = (3-\lambda)(1-\lambda) + 1 = (\lambda - 2)^2$$

Einziger Eigenwert: $\lambda = 2$

Eigenvektoren: $t \cdot \begin{pmatrix} 1 \\ 1 \end{pmatrix}, t \in \mathbb{R} \setminus \{0\}$

d)

$$\det(D - \lambda E) = \det\begin{pmatrix} 1 - \lambda & -1 \\ 2 & 4 - \lambda \end{pmatrix} = (2 - \lambda) \cdot (3 - \lambda)$$

Eigenwerte: $\lambda_1 = 2$, $\lambda_2 = 3$

Eigenvektoren zu $\lambda_1 = 2$:

$$t \cdot \begin{pmatrix} -1 \\ 1 \end{pmatrix}, t \in \mathbb{R} \setminus \{0\}$$

Eigenvektoren zu $\lambda_2 = 3$:

$$t \cdot \begin{pmatrix} 1 \\ -2 \end{pmatrix}, t \in \mathbb{R} \setminus \{0\}$$

Aufgabe 3.12

a)

$$\det(A - \lambda E) = \det\begin{pmatrix} 1 - \lambda & 2 & 3 \\ 0 & 2 - \lambda & 3 \\ 0 & -1 & -2 - \lambda \end{pmatrix} = -(\lambda - 1)^2(\lambda + 1)$$

Eigenwerte: $\lambda_1 = 1$, $\lambda_2 = -1$

Eigenvektoren zu $\lambda_1 = 1$:

$$t \cdot \begin{pmatrix} 1 \\ 0 \\ 0 \end{pmatrix}, t \in \mathbb{R} \setminus \{0\}$$

Eigenvektoren zu $\lambda_2 = -1$:

$$t \cdot \begin{pmatrix} 1 \\ 2 \\ -2 \end{pmatrix}, t \in \mathbb{R} \setminus \{0\}$$

b)

$$\det(B - \lambda E) = \det\begin{pmatrix} 3 - \lambda & -1 & 0 \\ -1 & 3 - \lambda & 0 \\ 2 & 3 & -\lambda \end{pmatrix} = -\lambda(\lambda - 2)(\lambda - 4)$$

Eigenwerte: $\lambda_1 = 0$, $\lambda_2 = 2$, $\lambda_3 = 4$

Eigenvektoren zum Eigenwert $\lambda_1 = 0$: $t \cdot \begin{pmatrix} 0 \\ 0 \\ 1 \end{pmatrix}, t \in \mathbb{R} \setminus \{0\}$

Eigenvektoren zum Eigenwert $\lambda_2 = 2$: $t \cdot \begin{pmatrix} 2 \\ 2 \\ 5 \end{pmatrix}, t \in \mathbb{R} \setminus \{0\}$

Eigenvektoren zum Eigenwert $\lambda_3 = 4$: $t \cdot \begin{pmatrix} -4 \\ 4 \\ 1 \end{pmatrix}, t \in \mathbb{R} \setminus \{0\}$

Determinanten

Aufgabe 3.13

a) 11   b) 2   c) 4   d) -18

Aufgabe 3.14

a) 144   b) 1   c) 0   d) -3

Aufgabe 3.15

a)

$$\det(AB) = \det A \cdot \det B$$

$$= \begin{vmatrix} 1 & 1 \\ -1 & 1 \end{vmatrix} \cdot \begin{vmatrix} 2 & 1 \\ 1 & 1 \end{vmatrix}$$

$$= 2 \cdot 1 = 2$$

b)

$$\det C = 1$$

Aufgabe 3.16

a)
$$D = 65$$

b)
$$D = -6$$

Aufgabe 3.17

$$D = 0 \Leftrightarrow (x - 1)^2 = 0$$

$$\Leftrightarrow x = 1$$

Anwendungen der Matrizenrechnung

Aufgabe 3.18

a)

$$\begin{pmatrix} 3 & 3 \\ 4 & 2 \\ 1 & 4 \end{pmatrix} \cdot \begin{pmatrix} 3 & 2 & 3 \\ 2 & 1 & 3 \end{pmatrix} = \begin{pmatrix} 15 & 9 & 18 \\ 16 & 10 & 18 \\ 11 & 6 & 15 \end{pmatrix}$$

	E_1	E_2	E_3
R_1	15	9	18
R_2	16	10	18
R_3	11	6	15

b) Es werden 9 Einheiten R_1, 10 Einheiten R_2 und 6 Einheiten R_3 benötigt.

Aufgabe 3.19

$$\begin{pmatrix} a & 3 & b \\ 8 & 1 & 3 \\ 2 & 5 & 2 \end{pmatrix} \cdot \begin{pmatrix} 2 & 2 & 1 \\ 5 & 0 & 2 \\ 3 & 7 & 3 \end{pmatrix} = \begin{pmatrix} 25 & 10 & 11 \\ 30 & 37 & 19 \\ 35 & 18 & 18 \end{pmatrix} \Leftrightarrow \begin{cases} 2a + 3b = 10 \\ 2a + 7b = 10 \\ a + 3b = 5 \end{cases} \Leftrightarrow \begin{cases} a = 5 \\ b = 0 \end{cases}$$

Aufgabe 3.20

$$(100 \quad 100 \quad 200 \quad 100) \cdot \begin{pmatrix} 2 & 1 & 3 \\ 1 & 2 & 1 \\ 3 & 1 & 1 \\ 1 & 2 & 1 \end{pmatrix} = (1000 \quad 700 \quad 700)$$

Kosten des Maschineneinsatzes für Produkt P_1: 1000 GE [4]

Kosten des Maschineneinsatzes für Produkt P_2: 700 GE

Kosten des Maschineneinsatzes für Produkt P_3: 700 GE

---

[4] GE: Geldeinheiten

Aufgabe 3.21

a)

$$\vec{v_0} = \begin{pmatrix} 300 \\ 200 \\ 300 \\ 200 \end{pmatrix} \qquad U = \begin{pmatrix} 0,3 & 0,3 & 0,2 & 0,5 \\ 0,2 & 0,4 & 0,1 & 0,2 \\ 0,3 & 0,2 & 0,1 & 0,2 \\ 0,2 & 0,1 & 0,6 & 0,1 \end{pmatrix}$$

b)

$$\vec{v_1} = U \cdot \vec{v_0} = \begin{pmatrix} 310 \\ 210 \\ 200 \\ 280 \end{pmatrix}$$

c)

$$\vec{v_2} = U \cdot \vec{v_1} = \begin{pmatrix} 336 \\ 222 \\ 211 \\ 231 \end{pmatrix}$$

Fahrzeuge am Ende des 1. Tages an den Standorten:

Standort A: 310

Standort B: 210

Standort C: 200

Standort D: 280

Fahrzeuge am Ende des 2. Tages an den Standorten:

Standort A: 336

Standort B: 222

Standort C: 211

Standort D: 231

Aufgabe 3.22

a)

$$U = \begin{pmatrix} 0,1 & 0,3 & 0,4 & 0,2 \\ 0,7 & 0,2 & 0,1 & 0 \\ 0 & 0,1 & 0,3 & 0 \\ 0,2 & 0,4 & 0,2 & 0,8 \end{pmatrix}$$

b) Marktanteile im Januar: $M_J = \begin{pmatrix} 0,2 \\ 0,4 \\ 0,3 \\ 0,1 \end{pmatrix}$

Marktanteile im Februar:

$$M_F = U \cdot M_J = \begin{pmatrix} 0,1 & 0,3 & 0,4 & 0,2 \\ 0,7 & 0,2 & 0,1 & 0 \\ 0 & 0,1 & 0,3 & 0 \\ 0,2 & 0,4 & 0,2 & 0,8 \end{pmatrix} \cdot \begin{pmatrix} 0,2 \\ 0,4 \\ 0,3 \\ 0,1 \end{pmatrix} = \begin{pmatrix} 0,28 \\ 0,25 \\ 0,13 \\ 0,34 \end{pmatrix}$$

Marktanteile im März:

$$M_M = U \cdot M_F = \begin{pmatrix} 0,1 & 0,3 & 0,4 & 0,2 \\ 0,7 & 0,2 & 0,1 & 0 \\ 0 & 0,1 & 0,3 & 0 \\ 0,2 & 0,4 & 0,2 & 0,8 \end{pmatrix} \cdot \begin{pmatrix} 0,28 \\ 0,25 \\ 0,13 \\ 0,34 \end{pmatrix} = \begin{pmatrix} 0,223 \\ 0,259 \\ 0,064 \\ 0,454 \end{pmatrix}$$

(Alternativ: $M_M = U^2 \cdot M_J$)

Unternehmen A hat im März einen Marktanteil von 22,3%, Unternehmen B einen Anteil von 25,9%, C hat 6,4% und Unternehmen D hat einen Anteil von 45,4%.

Aufgabe 3.23

a)

$$\vec{v_0} = \begin{pmatrix} 0,5 \\ 0,5 \\ 0 \end{pmatrix}, M = \begin{pmatrix} 0,25 & 0 & 0,25 \\ 0,25 & 0 & 0,25 \\ 0,5 & 1 & 0,5 \end{pmatrix}$$

b)

Zustände nach zwei Zeitschritten:

$$\vec{v_2} = M^2 \cdot \vec{v_0} = \begin{pmatrix} 0,1875 & 0,25 & 0,1875 \\ 0,1875 & 0,25 & 0,1875 \\ 0,625 & 0,5 & 0,625 \end{pmatrix} \cdot \begin{pmatrix} 0,5 \\ 0,5 \\ 0 \end{pmatrix} = \begin{pmatrix} 0,21875 \\ 0,21875 \\ 0,5625 \end{pmatrix}$$

Nach zwei Zeitschritten befinden sich ca. 21,88 % im Zustand I, ebenfalls ca. 21,88 % im Zustand II und 56,25 % im Zustand III.

Aufgabe 3.24

a)

$$M = \begin{pmatrix} 0,8 & 0,1 \\ 0,2 & 0,9 \end{pmatrix}$$

b)

$$\vec{v_0} = \begin{pmatrix} 10000 \\ 5000 \end{pmatrix}, M \cdot \vec{v_0} = \vec{v_1}, \vec{v_1} = \begin{pmatrix} 0,8 & 0,1 \\ 0,2 & 0,9 \end{pmatrix} \begin{pmatrix} 10000 \\ 5000 \end{pmatrix} = \begin{pmatrix} 8500 \\ 6500 \end{pmatrix}$$

Nach einer Minute befinden sich 8500 Teilchen in Kammer A und 6500 Teilchen in Kammer B.

c)

$$\vec{v_1} = \begin{pmatrix} 7500 \\ 7500 \end{pmatrix} , \ \vec{v_0} = M^{-1}\vec{v_1}$$

$$M^{-1} = \begin{pmatrix} \frac{9}{7} & -\frac{1}{7} \\ -\frac{2}{7} & \frac{8}{7} \end{pmatrix}, \ \vec{v_0} = \begin{pmatrix} \frac{9}{7} & -\frac{1}{7} \\ -\frac{2}{7} & \frac{8}{7} \end{pmatrix} \begin{pmatrix} 7500 \\ 7500 \end{pmatrix} = \begin{pmatrix} 8571{,}43 \\ 6428{,}57 \end{pmatrix}$$

Zu Beginn müssten etwa 8571 Teilchen in Kammer A und 6429 Teilchen in Kammer B sein.

d)

$$M\vec{v} = \vec{v}, \ \vec{v} = \begin{pmatrix} v_1 \\ v_2 \end{pmatrix} = ?$$

$$(M - E_2)\vec{v} = \vec{0} \Leftrightarrow \begin{pmatrix} -0{,}2 & 0{,}1 \\ 0{,}2 & -0{,}1 \end{pmatrix} \begin{pmatrix} v_1 \\ v_2 \end{pmatrix} = \begin{pmatrix} 0 \\ 0 \end{pmatrix} \Leftrightarrow 2v_1 = v_2, \vec{v} = \begin{pmatrix} 5000 \\ 10000 \end{pmatrix}$$

Die Verteilung der Teilchen bleibt stabil, wenn sich in Kammer A 5000 Teilchen und in der Kammer B 10000 Teilchen befinden.

4. Lineare Gleichungssysteme

Quadratische Systeme

Aufgabe 4.1

a)
$$D = \begin{vmatrix} 3 & -1 & 5 \\ -1 & 2 & 1 \\ -2 & 4 & 3 \end{vmatrix} = 5$$

b)

Das Gleichungssystem hat eine eindeutige Lösung, da $D \neq 0$ ist.

c)

Mit der Cramerschen Regel: $x_3 = -1$

Aufgabe 4.2

a)
$$D = \begin{vmatrix} 1 & 2 & 3 \\ -2 & 0 & 1 \\ 1 & 6 & 10 \end{vmatrix} = 0$$

b)

Wegen $D = 0$ hat das lineare Gleichungssystem entweder keine oder unendlich viele Lösungen.

c)

Mit dem Gauß-Verfahren: $\mathbb{L} = \{\ \}$

Aufgabe 4.3

a)

$\mathbb{L} = \{(-1,0,1)\}$

b)

$\mathbb{L} = \left\{ \left(\dfrac{10}{23}, \dfrac{3}{23}, \dfrac{35}{23} \right) \right\}$

c)

$\mathbb{L} = \{(3; -2; 1)\}$

d)

$\mathbb{L} = \{(-1; 1; -1)\}$

Aufgabe 4.4

a)
$$\mathbb{L} = \{\,\}$$

b)
$$\mathbb{L} = \{\,\}$$

c)
$$\mathbb{L} = \{(x_1, x_2, x_3) | x_1 = \frac{18}{7} - \frac{1}{7}x_3, x_2 = -\frac{5}{7} + \frac{3}{7}x_3 \ , x_3 \in \mathbb{R}\}$$

d)
$$\mathbb{L} = \{(x_1, x_2, x_3) | \ x_1 = \frac{7}{6}x_3 + \frac{5}{6}, x_2 = -\frac{3}{2}x_3 + \frac{1}{2}, x_3 \in \mathbb{R}\}$$

Aufgabe 4.5

a)
$$\mathbb{L} = \{(-2;\ 2; -3;\ 3)\}$$

b)
$$\mathbb{L} = \{(-2;\ 1; -1;\ 1)\}$$

Die Aufgaben 4.6 und 4.7 können mit der Cramerschen Regel gelöst werden:

Aufgabe 4.6

a)
$$x_2 = -2$$

b)
$$x_3 = 0$$

c)
$$x_1 = 1$$

d)
$$x_2 = -1$$

Aufgabe 4.7

$$x_3 = -1$$

Nichtquadratische Systeme

Aufgabe 4.8

n = Anzahl der Unbekannten

a)

$rg(A) = 2 \neq rg(A|b) = 3$, somit $\mathbb{L} = \{\,\}$

b)

$rg(A) = rg(A|b) = 1$, somit $\mathbb{L} \neq \{\,\}$

Wegen $rg(A) \neq n = 2$ gibt es unendlich viele Lösungen.

$\mathbb{L} = \{(x_1, x_2)|\, x_2 = 2x_1 + 1, x_1 \in \mathbb{R}\}$

c)

$rg(A) = rg(A|b) = 2$, somit $\mathbb{L} \neq \{\,\}$

Wegen $rg(A) = n$ gibt es eine eindeutige Lösung. $\mathbb{L} = \{(1, -2)\}$

d)

$rg(A) = 1 \neq rg(A|b) = 2$, somit $\mathbb{L} = \{\,\}$

Aufgabe 4.9

a)

$\mathbb{L} = \{(2; -1)\}$

c)

$\mathbb{L} = \{\,\}$

b)

$\mathbb{L} = \{(-2; 1)\}$

d)

$\mathbb{L} = \{(x_1, x_2)|\, x_1 = 1 - 2x_2, x_2 \in \mathbb{R}\}$

Aufgabe 4.10

a)

$\mathbb{L} = \{(x_1, x_2, x_3)|\, x_1 = -1 + 2x_3, x_2 = 1 + x_3, x_3 \in \mathbb{R}\}$

b)

$\mathbb{L} = \{(x_1, x_2, x_3)|x_1 = 1 + 2x_3, x_2 = 2x_3, x_3 \in \mathbb{R}\}$

c)

$$\mathbb{L} = \{\ \}$$

d)

$$\mathbb{L} = \{(x_1, x_2, x_3) | x_1 = 2 - x_2, \ x_3 = 0, \ x_2 \in \mathbb{R}\}$$

Gleichungssysteme mit Parameter

Aufgabe 4.11

a)

keine Lösung: $a = \frac{3}{2}$

genau eine Lösung: $a \in \mathbb{R} \setminus \left\{\frac{3}{2}\right\}$

unendlich viele Lösungen: $a \in \{\ \}$

d)

keine Lösung: $c \in \{\ \}$

genau eine Lösung: $c \in \{\ \}$

unendlich viele Lösungen: $c \in \mathbb{R}$

b)

keine Lösung: $a = -2$

genau eine Lösung: $a \in \mathbb{R} \setminus \{-2; 2\}$

unendlich viele Lösungen: $a = 2$

e)

keine Lösung: $a = -2$

genau eine Lösung: $a \in \mathbb{R} \setminus \{-2; 2\}$

unendlich viele Lösungen: $a = 2$

c)

keine Lösung: $b \in \mathbb{R} \setminus \{0\}$

genau eine Lösung: $b \in \{\ \}$

unendlich viele Lösungen: $b = 0$

f)

keine Lösung: $b \in \{\ \}$

genau eine Lösung: $b \in \mathbb{R} \setminus \{0\}$

unendlich viele Lösungen: $b = 0$

Aufgabe 4.12

a)

$c = 2$

b)

$c = -2$

c)

$c \in \mathbb{R} \setminus \{-2; 2\}$

d)

$$\mathbb{L} = \left\{\left(-\frac{7}{4}, \frac{1}{4}, \frac{1}{2}\right)\right\}$$

Aufgabe 4.13

a)

$c \in \{1, -1\}$

b)

$c \in \mathbb{R} \setminus \{1, -1\}$

c)

$\mathbb{L} = \{\ \}$

Aufgabe 4.14

a)
$$c = 1$$

b)
$$c = -2$$

c)
$$\mathbb{L} = \{(x, y, z) \mid x = 1 - y - z, y \in \mathbb{R}, z \in \mathbb{R}\}$$

Aufgabe 4.15

a)
$$c = 1$$

b)
$$c = -3$$

c)
$$c \in \mathbb{R} \setminus \{-3; 1\}$$

d)
$$\mathbb{L} = \left\{\left(-\frac{3}{2}, \frac{1}{2}, \frac{1}{2}\right)\right\}$$

Aufgabe 4.16

a)
$$c = -1$$

b)
$$c \in \mathbb{R} \setminus \{-1; 1\}$$

c)
$$c = 1$$

d)
$$\mathbb{L} = \{(-4; -4; 0)\}$$

5. Folgen, Summen und Reihen

Allgemeine Folgen

Aufgabe 5.1

a)
$$a_1 = 1, a_2 = 4, a_3 = 7, a_4 = 10$$

d)
$$a_1 = 1, a_2 = -1, a_3 = 1, a_4 = -1$$

b)
$$a_1 = 1, a_2 = \frac{1}{4}, a_3 = \frac{1}{9}, a_4 = \frac{1}{16}$$

e)
$$a_1 = 0, a_2 = \frac{1}{2}, a_3 = -\frac{2}{3}, a_4 = \frac{3}{4}$$

c)
$$a_1 = \frac{1}{3}, a_2 = 1, a_3 = \frac{9}{5}, a_4 = \frac{8}{3}$$

f)
$$a_1 = \frac{2}{3}, a_2 = 2, a_3 = \frac{30}{11}, a_4 = \frac{28}{9}$$

Aufgabe 5.2

a)
$$a_1 = 0, \ a_2 = 2, \ a_3 = 0, \ a_4 = 2, \ a_5 = 0$$

b)
$$a_1 = 0, \ a_2 = 4, \ a_3 = 2, \ a_4 = 16, \ a_5 = 4$$

Aufgabe 5.3

a)
$$a_n = 2n$$

c)
$$a_n = \frac{1}{n^3}$$

e)
$$a_n = (-1)^n \cdot n$$

b)
$$a_n = n^3$$

d)
$$a_n = 4n - 1$$

f)
$$a_n = (-1)^{n+1} \cdot \frac{1}{n}$$

Aufgabe 5.4

$$a_n < 10^{-6} \Leftrightarrow \frac{1}{n^3} < \frac{1}{10^6} \Leftrightarrow n^3 > 10^6 \Leftrightarrow n > 10^2, \ n_0 = 101$$

Aufgabe 5.5

a)

$$\forall n \in \mathbb{N}: a_{n+1} - a_n = \frac{2(n+1)-1}{2(n+1)} - \frac{2n-1}{2n} = \frac{1}{2n(n+1)} > 0$$

b)

$$\forall n \in \mathbb{N}: a_n = \frac{2n-1}{2n} \geq \frac{2n-n}{2n} = \frac{n}{2n} = \frac{1}{2} = s_u$$

c)

$$\forall n \in \mathbb{N}: a_n = \frac{2n-1}{2n} \leq \frac{2n}{2n} = 1 = S_o$$

Aufgabe 5.6

a)

$$\forall n \in \mathbb{N}: a_{n+1} - a_n = \frac{3(n+1)-2}{2+4(n+1)} - \frac{3n-2}{2+4n} = \frac{14}{(4n+6)(2+4n)} > 0$$

b)

$$\forall n \in \mathbb{N}: a_n = \frac{3n-2}{2+4n} \geq \frac{n}{2+4n} \geq \frac{n}{6n} = \frac{1}{6} = s_u$$

c)

$$\forall n \in \mathbb{N}: a_n = \frac{3n-2}{2+4n} \leq \frac{3n}{2+4n} \leq \frac{3n}{4n} = \frac{3}{4} = S_o$$

d)

Monotone und beschränkte Folgen sind stets konvergent.

e)

$$\lim_{n \to \infty} \frac{3n-2}{2+4n} = \lim_{n \to \infty} \frac{3 - \frac{2}{n}}{\frac{2}{n} + 4} = \frac{3}{4}$$

f)

$$\left| a_n - \frac{3}{4} \right| \leq \frac{1}{10\,000} \Leftrightarrow \frac{7}{4+8n} \leq \frac{1}{10\,000} \Leftrightarrow 8749{,}5 \leq n$$

Also haben vom Index $n_0 = 8750$ an alle Folgenglieder den geforderten Abstand vom Grenzwert, also alle a_n mit $n \geq 8750$.

Aufgabe 5.7

$$|a_n - 0| < \frac{1}{10000} \Leftrightarrow \frac{1}{n^2} < \frac{1}{10000} \Leftrightarrow 10000 < n^2 \Leftrightarrow n > 100 \lor n < -100$$

Wegen $n \in \mathbb{N}$: $n > 100$. Also $n_0 = 101$.

Aufgabe 5.8

a)

$$\lim_{n \to \infty} \frac{n^3 + 2n^2 - 1}{2n^3 - n + 2} = \lim_{n \to \infty} \frac{1 + \frac{2}{n} - \frac{1}{n^3}}{2 - \frac{1}{n^2} + \frac{2}{n^3}} = \frac{1}{2} \qquad \text{konvergent}, g = \frac{1}{2}$$

b)

$$\lim_{n \to \infty} \frac{3n^4 - n^2 + 1}{1 - 4n^4} = \lim_{n \to \infty} \frac{3 - \frac{1}{n^2} + \frac{1}{n^4}}{\frac{1}{n^4} - 4} = -\frac{3}{4} \qquad \text{konvergent}, g = -\frac{3}{4}$$

c)

$$\lim_{n \to \infty} \frac{n^4 + 2n^3 - 1}{3n^4 - n^3 + 2} = \lim_{n \to \infty} \frac{1 + \frac{2}{n} - \frac{1}{n^4}}{3 - \frac{1}{n} + \frac{2}{n^4}} = \frac{1}{3} \qquad \text{konvergent}, g = \frac{1}{3}$$

d)

$$\lim_{n \to \infty} \frac{2n^3 - 1}{3n^4 - n^3 + 1} = \lim_{n \to \infty} \frac{\frac{2}{n} - \frac{1}{n^4}}{3 - \frac{1}{n} + \frac{1}{n^4}} = 0 \qquad \text{konvergent}, g = 0$$

e)

$$\lim_{n \to \infty} \frac{n^4 + 3}{2n^3 - n^2} = \lim_{n \to \infty} \frac{n + \frac{3}{n^3}}{2 - \frac{1}{n}} = \infty \qquad \text{divergent}$$

f)

$$\lim_{n \to \infty} \frac{n^4 + 1}{3 - 2n^4} = \lim_{n \to \infty} \frac{1 + \frac{1}{n^4}}{\frac{3}{n^4} - 2} = -\frac{1}{2} \qquad \text{konvergent}, g = -\frac{1}{2}$$

Aufgabe 5.9

a)

$$\lim_{n\to\infty} \frac{2\sqrt{n}-1}{3(\sqrt{n}+1)} = \lim_{n\to\infty} \frac{2-\dfrac{1}{\sqrt{n}}}{3+\dfrac{3}{\sqrt{n}}} = \frac{2}{3} \qquad g = \frac{2}{3}$$

b)

$$\lim_{n\to\infty} \frac{\sqrt{n}}{n+2} = \lim_{n\to\infty} \frac{\sqrt{n}}{\sqrt{n}(\sqrt{n}+\dfrac{2}{\sqrt{n}})} = \lim_{n\to\infty} \frac{1}{\sqrt{n}+\dfrac{2}{\sqrt{n}}} = 0 \qquad g = 0$$

c)

$$\lim_{n\to\infty} \sqrt{\frac{n^3-n^2}{2n^3}} = \lim_{n\to\infty} \sqrt{\frac{1-\dfrac{1}{n}}{2}} = \sqrt{\frac{1}{2}} = \frac{1}{\sqrt{2}} \qquad g = \frac{1}{\sqrt{2}}$$

Arithmetische Folgen

Aufgabe 5.10

$(3, 7, 11, 15, \dots)$ ist eine arithmetische Folge mit $a_1 = 3$ und $d = 4$, also

$$a_n = 3 + 4(n-1) = 4n - 1.$$

$$4n - 1 > 1000 \Leftrightarrow n > 250{,}25$$

Vom 251-sten Folgenglied an sind alle Folgenglieder größer als 1000.

Aufgabe 5.11

a)

$$a_n = 4 + 8 \cdot (n-1)$$

$$a_{100} = 796$$

b)

$$a_n = -2 + 3 \cdot (n-1)$$

$$a_{40} = 115$$

Aufgabe 5.12

$a_1 = 394,\ a_5 = 410,\ d = 4$

Die gesuchten Zahlen sind: $a_2 = 398,\ a_3 = 402,\ a_4 = 406$.

Aufgabe 5.13

a)

$$a_n = 4 + 8 \cdot (n - 1)$$

b)

$$a_{73} = 580$$

c)

Es ist $a_{370} = 2956$, also das 370-ste Folgenglied.

Geometrische Folgen

Aufgabe 5.14

$a_1 = 4,\ q = 2$, also $a_n = 4 \cdot 2^{n-1}$

$4 \cdot 2^{n-1} > 2000 \Leftrightarrow n > \log_2 500 + 1 \approx 9{,}9658$

Also vom zehnten Folgeglied an.

Aufgabe 5.15

a)

$$a_n = 3 \cdot 2^{n-1}$$

$$a_{20} = 1572864$$

b)

$$a_n = 4^{n-2}$$

$$a_{12} = 1048576$$

Aufgabe 5.16

$a_1 = 3, a_6 = 96, q = 2$

Die gesuchten Zahlen sind: $a_2 = 6$, $a_3 = 12$, $a_4 = 24$, $a_5 = 48$.

Aufgabe 5.17

a)
$$a_n = 4 \cdot 3^{n-1}$$

b)
$$a_6 = 972$$

c)
Das 10. Folgenglied.

Aufgabe 5.18

Geometrische Folge mit $a_1 = 1000$ [mg] und $q = \frac{1}{2}$, $a_n = 1000 \cdot \left(\frac{1}{2}\right)^{n-1}$ [mg]

Der Index n gibt die verstrichenen Zeitschritte an.

Die Gleichung $1000 \cdot \left(\frac{1}{2}\right)^{n-1} = 1$ führt auf $n \approx 10{,}965784$.

Da 1 Zeitschritt 1600 Jahren entspricht, dauert es ca. 17 545,25 Jahre.

Aufgabe 5.19

Bildungsgesetz, mit dem die verbleibende Helligkeit (in Prozent) nach n Reflexionen beschrieben werden kann:
$$a_n = 0{,}95^n$$

a) Nach 8-maliger Reflexion: $a_8 = 0{,}95^8 = 0{,}66342 \approx 66{,}34\%$

b) Für das gesuchte n muss gelten:
$$0{,}95^n < 0{,}2 \Leftrightarrow n > \log_{0{,}95} 0{,}2 \approx 31{,}38$$

Also: 32-mal

Summen und Reihen

Aufgabe 5.20

a)
$$\sum_{k=0}^{5} \frac{2k}{k!} = 2 + 2 + 1 + \frac{1}{3} + \frac{1}{12}$$

b)
$$\sum_{k=0}^{5} \frac{2k+1}{(2k)!} = \frac{1}{0!} + \frac{3}{2!} + \frac{5}{4!} + \frac{7}{6!} + \frac{9}{8!} + \frac{11}{10!}$$

c)
$$\sum_{l=1}^{5} \frac{2l-1}{l^3} = \frac{1}{1} + \frac{3}{2^3} + \frac{5}{3^3} + \frac{7}{4^3} + \frac{9}{5^3}$$

d)
$$\sum_{n=0}^{4} (-1)^n \frac{1}{(n+1)^2} = \frac{1}{1^2} - \frac{1}{2^2} + \frac{1}{3^2} - \frac{1}{4^2} + \frac{1}{5^2}$$

e)
$$\sum_{n=0}^{4} (-1)^{n+1} \frac{1}{(n+1)^3} = -\frac{1}{1^3} + \frac{1}{2^3} - \frac{1}{3^3} + \frac{1}{4^3} - \frac{1}{5^3}$$

f)
$$\sum_{k=3}^{8} \frac{(-1)^k}{k^2} = -\frac{1}{3^2} + \frac{1}{4^2} - \frac{1}{5^2} + \frac{1}{6^2} - \frac{1}{7^2} + \frac{1}{8^2}$$

Aufgabe 5.21

a)
$$\sum_{k=1}^{10} \frac{1}{k}$$

c)
$$\sum_{k=1}^{4} (-1)^{k+1} \frac{1}{2k}$$

e)
$$\sum_{k=1}^{6} \frac{k}{(k-1)!}$$

g)
$$\sum_{k=1}^{8} (-1)^{k-1} \frac{1}{10^k}$$

b)
$$\sum_{k=1}^{10} (-1)^k \frac{1}{k}$$

d)
$$\sum_{k=0}^{3} 2^{2k+1}$$

f)
$$\sum_{k=1}^{9} \frac{k}{(k+1)^2}$$

Aufgabe 5.22

a) $\dfrac{25}{12}$

b) 77

c) $-\dfrac{47}{60}$

d) 1

e) 2000

f) 15150

Aufgabe 5.23

a) $\displaystyle\sum_{k=1}^{\infty} k$

b) $\displaystyle\sum_{k=1}^{\infty} 2^{k-1}$

c) $\displaystyle\sum_{k=1}^{\infty} \dfrac{1}{3^k}$

d) $\displaystyle\sum_{k=1}^{\infty} (-1)^k k^2$

e) $\displaystyle\sum_{k=1}^{\infty} \dfrac{(-1)^{k+1}}{k+1}$

f) $\displaystyle\sum_{k=1}^{\infty} \dfrac{(-1)^k}{k(k+1)}$

Aufgabe 5.24

a) divergent

b) $\dfrac{1}{3}$

c) 3

d) divergent

e) $\dfrac{\pi^2}{2}$

f) $e - 1$

Aufgabe 5.25

a) $\dfrac{15}{4}$

b) divergent

c) 14

d) divergent

e) $\dfrac{2}{3}$

f) divergent

Aufgabe 5.26

Die Höhe eines solchen Turmes bestehend aus unendlich vielen Klötzchen kann beschrieben werden als geometrische Reihe

$$10 + \frac{3}{4} \cdot 10 + \left(\frac{3}{4}\right)^2 \cdot 10 + \left(\frac{3}{4}\right)^3 \cdot 10 + \cdots = \sum_{k=1}^{\infty} 10 \cdot \left(\frac{3}{4}\right)^{k-1} = \frac{10}{1 - \frac{3}{4}} = 40$$

Somit kann ein Turm (bestehend aus endlich vielen Klötzchen) nicht höher als 40 cm werden.

Gemischte Aufgaben

Aufgabe 5.27

$$|a_n| = \left| (-1)^n \cdot \frac{n^3 + 2n^2}{4 + n^3} \right| = \frac{n^3 + 2n^2}{4 + n^3} \leq \frac{n^3 + 2n^2}{n^3} \leq \frac{3n^3}{n^3} = 3$$

$$\Rightarrow -3 \leq a_n \leq 3 \qquad (\forall n \in \mathbb{N})$$

Somit ist (a_n) beschränkt.

Aufgabe 5.28

a)

arithmetisch

$a_n = -1 + 4(n-1)$

$s_{200} = 79400$

b)

geometrisch

$a_n = 4 \cdot \left(\frac{1}{2}\right)^{n-1}$

$s_{20} \approx 8$

c)

geometrisch

$a_n = 8 \cdot \left(\frac{1}{2}\right)^{n-1}$

$s_{10} \approx 15{,}98$

d)

arithmetisch

$a_n = 1 + 8(n-1)$

$s_{100} = 39700$

Aufgabe 5.29

a) 20000

b) 84

c) π

d) $\dfrac{1}{2}$

Aufgabe 5.30

a)

$$0,\overline{2} = \sum_{k=1}^{\infty} 2 \cdot \left(\frac{1}{10}\right)^k = \sum_{k=1}^{\infty} \frac{2}{10} \cdot \left(\frac{1}{10}\right)^{k-1} = \frac{2}{10} \cdot \frac{10}{9} = \frac{2}{9}$$

b)

$$0,1\overline{3} = 0,1 + \sum_{k=1}^{\infty} \frac{3}{10^2} \cdot \left(\frac{1}{10}\right)^{k-1} = \frac{1}{10} + \frac{3}{10^2} \cdot \frac{10}{9} = \frac{2}{15}$$

c)

$$0,\overline{25} = \sum_{k=1}^{\infty} \frac{25}{10^2} \cdot \left(\frac{1}{10^2}\right)^{k-1} = \frac{25}{10^2} \cdot \frac{10^2}{99} = \frac{25}{99}$$

d)

$$1,\overline{123} = 1 + \sum_{k=1}^{\infty} \frac{123}{10^3} \cdot \left(\frac{1}{10^3}\right)^{k-1} = 1 + \frac{123}{10^3} \cdot \frac{10^3}{999} = \frac{374}{333}$$

Aufgabe 5.31

a) Bildungsgesetz der Folge, die die Größe der einzelnen Kacheln beschreibt:

$$a_n = 800 \cdot 0{,}8^{n-1} \quad [\text{cm}^2]$$

Größe der 10-ten Kachel:

$$a_{10} = 800 \cdot 0{,}8^9 = 107{,}37 \quad [\text{cm}^2]$$

b)

$$s_{10} = 800 \cdot \frac{1 - 0{,}8^{10}}{1 - 0{,}8} = 3570{,}5 \quad [\text{cm}^2]$$

c) Bildungsgesetz einer Folge, die das Gewicht der einzelnen Kacheln beschreibt:

$$g_n = 0{,}8^{n-1} \ [\text{kg}]$$

Gewicht der 11-ten Kachel:

$$g_{11} = 0{,}8^{10} \approx 0{,}1074 \ [\text{kg}]$$

Aufgabe 5.32

a)
$$a_n = 20 + 5(n-1) \ [\text{min}]$$

d)
$$k_n = 30 \cdot 1{,}2^{n-1} \ [\text{EUR}]$$

b)
$$a_{30} = 165 \ [\text{min}]$$

e)
$$k_{30} = 5934{,}41 \ [\text{EUR}]$$

c)
$$\sum_{n=1}^{40} a_n = 4700 \ [\text{min}]$$

f)
$$\sum_{n=1}^{40} k_n = 220\,315{,}74 \ [\text{EUR}]$$

Aufgabe 5.33

a)
$$a_n = 1013{,}25 \cdot 0{,}988^{n-1} \ [\text{mbar}]$$

c)
$$1013{,}25 \cdot 0{,}988^{n-1} = 920 \Leftrightarrow n = 9$$

In ca. 800 m Höhe.

b)
$$a_{49} = 567{,}61 \ [\text{mbar}]$$

Aufgabe 5.34

a)
$$a_n = n$$

b)
$$a_7 = 7$$

c)
$$s_{18} = 171$$

d)
21 Rohre

Aufgabe 5.35

a) Geometrisch mit $a_1 = 1,6 \, [m]$ und $q = 0,8$

Bildungsgesetz der Rückprallhöhen:

$$a_n = 1,6 \cdot 0,8^{n-1} \; [m]$$

b) Wenn der Ball zum zehnten Mal auf der Erde auftrifft, hat er die 2 m Fallhöhe zu Beginn und die 9 Auf- und Abwärtsbewegungen der jeweiligen Rückprallhöhe zurückgelegt.

Summe der ersten 9 Rückprallhöhen:

$$s_9 = 1,6 \cdot \frac{1 - 0,8^9}{1 - 0,8} = 6,9263 \; [m]$$

Zurückgelegter Weg s insgesamt:

$$s = 2 + 2 \cdot s_9 = 15,85 \; [m]$$

c) Würde der Ball unendlich oft auf- und zurückprallen, legte er den Weg

$$s_\infty = 2 + 2 \cdot \sum_{k=1}^{\infty} 1,6 \cdot 0,8^{k-1} = 2 + 2 \cdot \frac{1,6}{1 - 0,8} = 18 \; [m]$$

zurück. 18,5 m kann der Ball unter diesen Umständen also niemals zurücklegen.

Aufgabe 5.36

a) Die Höhen werden durch eine geometrische Folge mit $q = \frac{1}{2}$ und $a_1 = h$ beschrieben:

$$a_n = h \cdot \left(\frac{1}{2}\right)^{n-1}$$

b) Die Höhe des Turmes kann den Wert der zugehörigen geometrischen Reihe nicht überschreiten:

$$\sum_{k=1}^{\infty} h \cdot \left(\frac{1}{2}\right)^{k-1} = \frac{h}{1 - \frac{1}{2}} = 2h$$

Der gesamte Turm kann höchstens doppelt so hoch werden, wie der erste Klotz.

c) Für $h = 20$ cm ergibt sich eine Turmhöhe von höchstens 40 cm.

Aufgabe 5.37

a) Bildungsgesetz, mit dem die Höhe der Stufen beschrieben werden kann:

$$a_n = 40 \cdot \left(\frac{4}{5}\right)^{n-1} \text{[cm]}$$

Unter der Annahme, dass es möglich wäre eine solche Treppe mit unendlich vielen Stufen zu bauen, wäre diese

$$\sum_{n=1}^{\infty} 40 \cdot \left(\frac{4}{5}\right)^{n-1} = \frac{40}{1 - \frac{4}{5}} = 200 \text{ [cm]}$$

hoch. Eine solche Treppe kann also niemals höher als 2 m werden.

b)

$$a_n = h \cdot \left(\frac{4}{5}\right)^{n-1} \qquad s_9 = h \cdot \frac{1 - \left(\frac{4}{5}\right)^9}{1 - \frac{4}{5}} = 208 \Leftrightarrow h = 48{,}049 \text{ [cm]}$$

Die erste Stufe müsste ca. 48 cm hoch sein.

Aufgabe 5.38

a)

$$a_n = 10000 \cdot 1{,}1^{n-1}$$

b)

Im 8. Jahr: 19 487 Stück, im 10. Jahr: 23 579 Stück

c)

In den ersten 10 Jahren: 159 374 Stück

6. Reelle Funktionen

Allgemeine Funktionseigenschaften

Aufgabe 6.1
Damit es sich um den Graphen einer reellen Funktion handeln kann, darf es zu jeder Stelle auf der x-Achse maximal einen y-Wert geben.

a) nein b) ja c) ja d) nein e) ja f) ja

Aufgabe 6.2
$\mathbb{R}^+ = \{x \in \mathbb{R} | x > 0\}, \mathbb{R}_0^+ = \{x \in \mathbb{R} | x \geq 0\}$

a)
$$D_f = \mathbb{R} \setminus \{-2; 2\}$$

c)
$$D_f = \mathbb{R} \setminus \{k\pi | k \in \mathbb{Z}\}$$

e)
$$D_f = \mathbb{R}_0^+ \setminus \{2\}$$

b)
$$D_f = \mathbb{R}^+$$

d)
$$D_f = \mathbb{R}$$

f)
$$D_f = \mathbb{R}^+ \setminus \{1\}$$

Aufgabe 6.3
Nur x-Werte des Definitionsbereichs der jeweiligen Funktion können Nullstellen sein.

a)
$$x_0 = -1$$

c)
keine Nullstellen

e)
$$x_{01} = -2, x_{02} = 6$$

b)
$$x_{01} = 1, x_{02} = 3$$

d)
$$x_0 = -1$$

f)
$$x_0 = 80$$

Aufgabe 6.4

a)
$$x_{01} = -2, x_{02} = 2$$

c)
$$x_{01} = -3, x_{02} = 3$$

e)
$$x_0 = 0$$

b)
$$x_0 = 0$$

d)
keine Nullstellen

f)
$$x_0 = \frac{\ln 3}{2}$$

Aufgabe 6.5

Nur x-Werte, die im Definitionsbereich der Funktion liegen, können Nullstellen sein.

a)
$$x_{01} = -2$$
$$x_{02} = 2$$

c)
$$x_0 = -1$$

e)
$$x_0 = e$$

b)
$$x_0 = 3$$

d)
$$x_{01} = 1$$
$$x_{02} = -1$$
$$x_{03} = -2$$

f)
keine Nullstellen

Aufgabe 6.6

Nullstellen der Sinus-Funktion: $x_{0k} = k\pi$, $k \in \mathbb{Z}$

Nullstellen der Kosinus-Funktion: $x_{0k} = (2k - 1)\frac{\pi}{2}$, $k \in \mathbb{Z}$

Aufgabe 6.7

a)
$$f(x) = \begin{cases} 1, & \text{für } x > 0 \\ 0, & \text{für } x = 0 \\ -1, & \text{für } x < 0 \end{cases}$$

Wegen der Punktsymmetrie des Graphen zum Ursprung ist f ungerade.

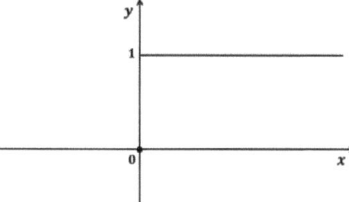

b)

$$f(x) = \begin{cases} x, & x \geq 0 \\ -x, & x < 0 \end{cases}$$

Wegen der Achsensymmetrie des
Graphen zur y-Achse ist f gerade.

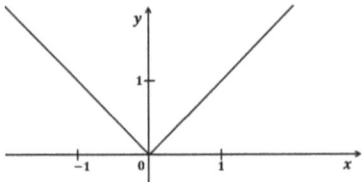

c)

$$f(x) = \begin{cases} 1, & |x| \leq 1 \\ 0, & |x| > 1 \end{cases}$$

Der Graph ist achsensymmetrisch
zur y-Achse. f ist somit gerade.

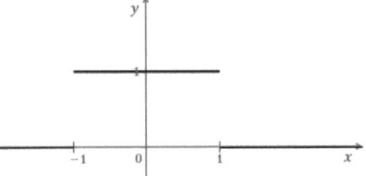

d)

$$f(x) = \begin{cases} -1, & (2k-1)\pi < x < 2k\pi \\ 1, & 2k\pi < x < (2k+1)\pi \end{cases}, k \in \mathbb{Z}$$

Der Graph ist punktsym-
metrisch zum Ursprung.
f ist somit ungerade.

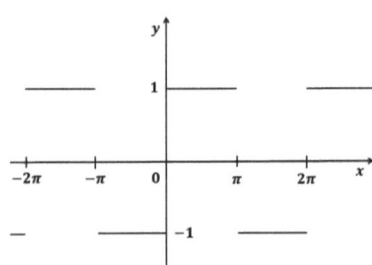

e)

$f(x) = 2x$ für $0 \leq x < 2$, 2-periodisch fortgesetzt

Der Graph ist weder achsensymmetrisch zur y-Achse noch
punktsymmetrisch zum Ursprung.
f ist somit weder gerade noch
ungerade.

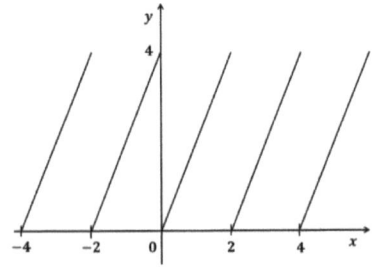

Aufgabe 6.8

a)

$$f(-x) = -2x^3 + x = -(2x^3 - x) = -f(x), f \text{ ist ungerade.}$$

Der Graph ist somit punktsymmetrisch zum Ursprung.

b)

$$f(-x) = 3(-x)^2 + 1 = 3x^2 + 1 = f(x), f \text{ ist gerade.}$$

Der Graph ist somit achsensymmetrisch zur y-Achse.

c)

$$f(-x) = -\frac{(-x)^3}{(-x)^4 - 2(-x)} = \frac{x^3}{x^4 + 2x} \neq \begin{cases} f(x) \\ -f(x) \end{cases}$$

f ist weder gerade noch ungerade. Der Graph ist somit weder punktsymmetrisch zum Ursprung noch achsensymmetrisch zur y-Achse.

d)

$$f(-x) = e^{-x^3} \neq \begin{cases} f(x) \\ -f(x) \end{cases}, f \text{ ist weder gerade noch ungerade.}$$

Der Graph ist somit weder punktsymmetrisch zum Ursprung noch achsensymmetrisch zur y-Achse.

e)

$$f(-x) = -\frac{e^{x^2}}{-x^3} = \frac{e^{x^2}}{x^3} = -\left(-\frac{e^{x^2}}{x^3}\right) = -f(x), f \text{ ist ungerade.}$$

Der Graph ist somit punktsymmetrisch zum Ursprung.

f)

$$f(-x) = \cos(-x^3) = \cos(x^3) = f(x), f \text{ ist gerade.}$$

Der Graph ist somit achsensymmetrisch zur y-Achse.

Aufgabe 6.9

a)

$$f^{-1} : \mathbb{R} \to \mathbb{R}, \, f^{-1}(x) = \sqrt[3]{2x}$$

b)

$$f^{-1}(4) = 2$$

Aufgabe 6.10

a)
$$f^{-1}: \mathbb{R}^+ \to \mathbb{R} , \, f^{-1}(x) = \log_3 x - 1$$

b)
$$f^{-1}(9) = 1$$

Rationale Funktionen

Aufgabe 6.11

a)
$$f(x) = (x - 1) \cdot (x - 3) \cdot (x + 7)$$

1-fache Nullstellen bei $x_{01} = 1, x_{02} = 3$ und $x_{03} = -7$

b)
$$p(x) = (x + 1)^2 (x - 2),$$

2-fache Nullstelle bei $x_{01} = -1$, 1-fache Nullstelle bei $x_{02} = 2$

c)
$$f(x) = (x + 2)(x + 3)(x - 5)$$

1-fache Nullstellen bei $x_{01} = -2, x_{02} = -3$ und $x_{03} = 5$

d)
$$f(x) = (x + 2)(x - 3)(x + 3)$$

1-fache Nullstellen bei $x_{01} = -2, x_{02} = 3$ und $x_{03} = -3$

e)
$$p(x) = (x - 1)^2 \cdot (x + 1)^3$$

2-fache Nullstelle bei $x_{01} = 1$, 3-fache Nullstelle bei $x_{02} = -1$

f)
$$f(x) = (x - 1)^2 (x^2 + 1)$$

nur eine 2-fache reelle Nullstelle bei $x_0 = 1$

Aufgabe 6.12

a)

$f(x) = 4(x + 2)^3$, 3-fache Nullstelle bei $x_0 = -2$

b)

$f(x) = \dfrac{1}{2}(x - 2)(x + 2)(x - 7), x_{01} = -2, x_{02} = 2, x_{03} = 7,$ alle 1-fach

c)

$f(x) = 3(x - 2)^2(x + 4)$

$x_{01} = 2$ 2-fache Nullstelle, $x_{02} = -4$ 1-fache Nullstelle

d)

$f(x) = 2x(x - 2)(x + 3)^2$

$x_{01} = 0$ 1-fach, $x_{02} = 2$ 1-fach, $x_{03} = -3$ 2-fach

e)

$f(x) = 3(x - 1)(x + 1)(x - 3)(x + 3)$

$x_{01} = -3, x_{02} = -1, x_{03} = 1, x_{04} = 3$ nur 1-fache Nullstellen

f)

$f(x) = 2(x + 2)^2(x^2 + 1), x_0 = -2$ 2-fache Nullstelle

Aufgabe 6.13

a)

$p(x) = (x - 1)(x + 2)(x - 2)(x + 3j)(x - 3j)$

b)

$p(x) = (x + 2)(x - (j + 1))(x + (j - 1))$

Aufgabe 6.14

a)

$D_f = \mathbb{R}$, weder Polstellen noch stetig hebbare Definitionslücken

b)

$$f(x) = -\frac{x^2(x+1)}{x(x-1)} \quad D_f = \mathbb{R} \setminus \{0; 1\}$$

$x = 0$: stetig hebbare Definitonslücke

    stetig ergänzte Funktion: $f^*(x) = -\dfrac{x(x+1)}{x-1}$

    Lückenwert: $f^*(0) = 0$

$x = 1$: Wegen $\lim\limits_{x \to 1^-} f(x) = \lim\limits_{x \to 1^-} f^*(x) = \lim\limits_{x \to 1^-}\left(-\dfrac{x(x+1)}{x-1}\right) = +\infty$

    und $\lim\limits_{x \to 1^+} f(x) = \lim\limits_{x \to 1^+} f^*(x) = \lim\limits_{x \to 1^+}\left(-\dfrac{x(x+1)}{x-1}\right) = -\infty$

    Polstelle mit VZW $+/-$

c)

$$f(x) = \frac{2(x+2)}{(x-1)(x+2)} \quad D_f = \mathbb{R} \setminus \{1; -2\}$$

$x = -2$: stetig hebbare Definitionslücke

    stetig ergänzte Funktion: $f^*(x) = \dfrac{2}{x-1}$

    Lückenwert: $f^*(-2) = -\dfrac{2}{3}$

$x = 1$: Wegen $\lim\limits_{x \to 1^-} f(x) = \lim\limits_{x \to 1^-} f^*(x) = \lim\limits_{x \to 1^-}\dfrac{2}{x-1} = -\infty$

    und $\lim\limits_{x \to 1^+} f(x) = \lim\limits_{x \to 1^+} f^*(x) = \lim\limits_{x \to 1^+}\dfrac{2}{x-1} = +\infty$

    Polstelle mit VZW $-/+$

d)

$$f(x) = \frac{(x-2)^2}{(x+2)(x-2)} \quad D_f = \mathbb{R} \setminus \{-2; 2\}$$

$x = 2$: stetig hebbare Definitionslücke

stetig ergänzte Funktion: $f^*(x) = \dfrac{x-2}{x+2}$

Lückenwert: $f^*(2) = 0$

$x = -2$: Wegen $\displaystyle\lim_{x \to -2^-} f(x) = \lim_{x \to -2^-} f^*(x) = \lim_{x \to -2^-} \dfrac{x-2}{x+2} = +\infty$

und $\displaystyle\lim_{x \to -2^+} f(x) = \lim_{x \to -2^+} f^*(x) = \lim_{x \to -2^+} \dfrac{x-2}{x+2} = -\infty$

Polstelle mit VZW $+/-$

Aufgabe 6.15

a)

$$\lim_{x \to \pm\infty} f(x) = \lim_{x \to \pm\infty} \dfrac{x}{x^2+1} = \lim_{x \to \pm\infty} \dfrac{1}{x + \dfrac{1}{x}} = 0$$

$a(x) = 0$, d.h. die x-Achse ist Asymptote.

b)

$$\lim_{x \to \pm\infty} f(x) = \lim_{x \to \pm\infty} \dfrac{x^3 - 2x^4}{2x^4 + 3} = \lim_{x \to \pm\infty} \dfrac{\dfrac{1}{x} - 2}{2 + \dfrac{3}{x^4}} = -1$$

$a(x) = -1$

c)

$$f(x) = \dfrac{x^4 + x^3 - 1}{x^3 + 1} = (x^4 + x^3 - 1):(x^3 + 1) = x + 1 - \dfrac{x+2}{x^3+1}$$

$a(x) = x + 1$

d)

$$\lim_{x \to \pm\infty} f(x) = \lim_{x \to \pm\infty} \dfrac{3x^2 + x}{4x^2 + 3x} = \lim_{x \to \pm\infty} \dfrac{3 + \dfrac{1}{x}}{4 + \dfrac{3}{x}} = \dfrac{3}{4} \quad a(x) = \dfrac{3}{4}$$

e)

$$f(x) = \dfrac{x^3 + x - 1}{x - 1} = x^2 + x + 2 + \dfrac{1}{x-1} \quad a(x) = x^2 + x + 2$$

f)

$$\lim_{x \to \pm\infty} f(x) = \lim_{x \to \pm\infty} \frac{x-3}{x^2} = \lim_{x \to \pm\infty} \frac{\dfrac{1}{x} - \dfrac{3}{x^2}}{1} = 0 \quad a(x) = 0$$

Aufgabe 6.16

a)

$$f(x) = -\frac{x^2+3}{x(x-1)} \quad D_f = \mathbb{R} \setminus \{0; 1\}$$

$x = 0$: Polstelle mit VZW -/+ wegen

$$\lim_{x \to 0^-} f(x) = \lim_{x \to 0^-} \left(-\frac{x^2+3}{x(x-1)} \right) = -\infty \text{ und}$$

$$\lim_{x \to 0^+} f(x) = \lim_{x \to 0^+} \left(-\frac{x^2+3}{x(x-1)} \right) = +\infty$$

$x = 1$: Polstelle mit VZW +/- wegen

$$\lim_{x \to 1^-} f(x) = \lim_{x \to 1^-} \left(-\frac{x^2+3}{x(x-1)} \right) = +\infty \text{ und}$$

$$\lim_{x \to 1^+} f(x) = \lim_{x \to 1^+} \left(-\frac{x^2+3}{x(x-1)} \right) = -\infty$$

$$a(x) = -1 \text{ wegen } \lim_{x \to \pm\infty} f(x) = \lim_{x \to \pm\infty} \left(-\frac{x^2+3}{x^2-x} \right)$$

$$= \lim_{x \to \pm\infty} \left(-\frac{1 + \dfrac{3}{x^2}}{1 - \dfrac{1}{x}} \right) = -1$$

b)

$$f(x) = \frac{x+1}{(x-1)^2} \quad D_f = \mathbb{R} \setminus \{1\}$$

$x = 1$: Polstelle ohne Vorzeichenwechsel (+/+) wegen

$$\lim_{x \to 1^-} f(x) = \lim_{x \to 1^-} \frac{x+1}{(x-1)^2} = +\infty \text{ und}$$

$$\lim_{x \to 1^+} f(x) = \lim_{x \to 1^+} \frac{x+1}{(x-1)^2} = +\infty$$

$$a(x) = 0 \text{ weil } \lim_{x \to \pm\infty} f(x) = \lim_{x \to \pm\infty} \frac{x+1}{x^2 - 2x + 1} = \lim_{x \to \pm\infty} \frac{\frac{1}{x} + \frac{1}{x^2}}{1 - \frac{2}{x} + \frac{1}{x^2}} = 0$$

c)

$$f(x) = \frac{(x+1)^2}{2(x-2)} \quad D_f = \mathbb{R} \setminus \{2\}$$

$x = 2$: Polstelle mit VZW -/+ da

$$\lim_{x \to 2^-} f(x) = \lim_{x \to 2^-} \frac{(x+1)^2}{2(x-2)} = -\infty \text{ und}$$

$$\lim_{x \to 2^+} f(x) = \lim_{x \to 2^+} \frac{(x+1)^2}{2(x-2)} = +\infty$$

$$a(x) = \frac{1}{2}x + 2 \text{ weil } f(x) = \frac{1}{2}x + 2 + \frac{9}{2x-4} \text{ und } \lim_{x \to \pm\infty} \frac{9}{2x-4} = 0$$

d)

$$f(x) = \frac{(x+3)(x-2)}{(x-2)(x-1)} \quad D_f = \mathbb{R} \setminus \{1; 2\}$$

$x = 2$: stetig hebbare Definitionslücke

stetig ergänzte Funktion: $f^*(x) = \dfrac{x+3}{x-1}$

Lückenwert: $f^*(2) = 5$

$x = 1$: Polstelle mit VZW -/+ da

$$\lim_{x \to 1^-} f(x) = \lim_{x \to 1^-} f^*(x) = \lim_{x \to 1^-} \frac{x+3}{x-1} = -\infty \text{ und}$$

$$\lim_{x \to 1^+} f(x) = \lim_{x \to 1^+} f^*(x) = \lim_{x \to 1^+} \frac{x+3}{x-1} = +\infty$$

$$a(x) = 1 \text{ da } \lim_{x \to \pm\infty} f(x) = \lim_{x \to \pm\infty} f^*(x) = \lim_{x \to \pm\infty} \frac{x+3}{x-1} = \lim_{x \to \pm\infty} \frac{1 + \frac{3}{x}}{1 - \frac{1}{x}} = 1$$

e)

$$f(x) = \frac{(x+1)(x-2)}{(x+1)^2 x} \quad D_f = \mathbb{R} \setminus \{-1; 0\}$$

Weitestgehend gekürzter Funktionsausdruck:

$$\widetilde{f}(x) = \frac{x - 2}{(x + 1)x}$$

$x = -1$: Polstelle mit VZW -/+ da

$$\lim_{x \to -1^-} f(x) = \lim_{x \to -1^-} \widetilde{f}(x) = \lim_{x \to -1^-} \frac{x - 2}{(x + 1)x} = -\infty \text{ und}$$

$$\lim_{x \to -1^+} f(x) = \lim_{x \to -1^+} \widetilde{f}(x) = \lim_{x \to -1^+} \frac{x - 2}{(x + 1)x} = +\infty$$

$x = 0$: Polstelle mit VZW +/- da

$$\lim_{x \to 0^-} f(x) = \lim_{x \to 0^-} \widetilde{f}(x) = \lim_{x \to 0^-} \frac{x - 2}{(x + 1)x} = +\infty \text{ und}$$

$$\lim_{x \to 0^+} f(x) = \lim_{x \to 0^+} \widetilde{f}(x) = \lim_{x \to 0^+} \frac{x - 2}{(x + 1)x} = -\infty$$

$$a(x) = 0 \text{ weil } \lim_{x \to \pm\infty} f(x) = \lim_{x \to \pm\infty} \frac{x - 2}{x^2 + x} = \lim_{x \to \pm\infty} \frac{\frac{1}{x} - \frac{2}{x^2}}{1 + \frac{1}{x}} = 0$$

Spezielle Funktionen

Aufgabe 6.17

1. d)   2. c)   3. e)   4. a)   5. f)   6. b)

Aufgabe 6.18

1. c)   2. e)   3. a)   4. f)   5. b)   6. d)

Aufgabe 6.19

a)
$f(x) = \cos x$

$\cos: \mathbb{R} \to [-1, 1]$

b)
$f(x) = \tan x$

$\tan: \mathbb{R} \setminus \left\{ (2k - 1)\frac{\pi}{2} \mid k \in \mathbb{Z} \right\} \to \mathbb{R}$

c)

$$f(x) = \arctan x$$

$$\arctan: \mathbb{R} \to \left]-\frac{\pi}{2}, \frac{\pi}{2}\right[$$

e)

$$f(x) = \arcsin x$$

$$\arcsin: [-1,1] \to \left[-\frac{\pi}{2}, \frac{\pi}{2}\right]$$

d)

$$f(x) = \sin x$$

$$\sin: \mathbb{R} \to [-1,1]$$

f)

$$f(x) = \arccos x$$

$$\arccos: [-1,1] \to [0,\pi]$$

Gemischte Aufgaben

Aufgabe 6.20

a) Die Funktion
- ist stetig
- hat eine Nullstelle bei $x_0 = 0$
- ist streng monoton wachsend
- ist weder nach unten noch nach oben beschränkt, damit unbeschränkt
- ist ungerade

b) Die Funktion
- ist stetig
- hat 2 Nullstellen (die x-Werte können nicht abgelesen werden)
- ist nicht monoton auf dem abgebildeten Bereich
- ist nach oben beschränkt und nach unten unbeschränkt, insgesamt also unbeschränkt
- ist weder gerade noch ungerade

c) Die Funktion
- ist nicht stetig, da Polstelle an der Stelle $x = 0$
- hat keine Nullstellen
- ist nicht monoton

- ist weder nach unten noch nach oben beschränkt, insgesamt unbeschränkt
- ist ungerade

d) Die Funktion
  - ist stetig
  - hat unendlich viele Nullstellen bei periodischer Fortsetzung des abgebildeten Graphen (abgebildet sind sechs Nullstellen)
  - ist nicht monoton
  - ist sowohl nach unten als auch nach oben beschränkt, insgesamt also beschränkt
  - ist weder gerade noch ungerade

e) Die Funktion
  - ist stetig
  - hat keine Nullstellen
  - ist konstant
  - ist beschränkt
  - ist gerade

f) Die Funktion
  - ist nicht stetig auf dem gesamten abgebildeten Intervall, aber stetig auf $\mathbb{R}_0^+$
  - hat eine Nullstelle bei $x_0 = 0$
  - ist streng monoton wachsend
  - ist nach unten beschränkt, aber nicht nach oben, insgesamt damit unbeschränkt
  - weder gerade noch ungerade

Aufgabe 6.21

$x_k = (2k - 1)\pi \, , k \in \mathbb{Z}$

Aufgabe 6.22

a)

$$f(x) = \frac{2(x+1)(x-1)}{x(x+1)(x-1)} \quad D_f = \mathbb{R} \setminus \{0, -1, 1\}$$

Keine Nullstellen

$x = -1$ und $x = 1$: stetig hebbare Definitionslücken

stetig ergänzte Funktion: $f^*(x) = \dfrac{2}{x}$

Lückenwert an der Stelle $x = -1$: $f^*(-1) = -2$

Lückenwert an der Stelle $x = 1$: $f^*(1) = 2$

$x = 0$: Wegen $\displaystyle\lim_{x \to 0^-} f(x) = \lim_{x \to 0^-} f^*(x) = \lim_{x \to 0^-} \frac{2}{x} = -\infty$

und $\displaystyle\lim_{x \to 0^+} f(x) = \lim_{x \to 0^+} f^*(x) = \lim_{x \to 0^+} \frac{2}{x} = +\infty$

Polstelle mit VZW −/+

$a(x) = 0$, da $\displaystyle\lim_{x \to \pm\infty} f(x) = \lim_{x \to \pm\infty} \frac{2}{x} = 0$

b)

$$f(x) = \frac{(x+1)(x-1)(x-2)}{x(x-2)} \quad D_f = \mathbb{R} \setminus \{0, 2\}$$

Nullstellen: $x_{01} = -1, x_{02} = 1$

$x = 2$: stetig hebbare Definitionslücke

stetig ergänzte Funktion: $f^*(x) = \dfrac{(x+1)(x-1)}{x}$

Lückenwert $f^*(2) = \dfrac{3}{2}$

$x = 0$: Wegen $\displaystyle\lim_{x \to 0^-} f(x) = \lim_{x \to 0^-} \frac{(x+1)(x-1)}{x} = +\infty$

und $\displaystyle\lim_{x \to 0^+} f(x) = \lim_{x \to 0^+} \frac{(x+1)(x-1)}{x} = -\infty$

Polstelle mit Vorzeichenwechsel +/−

$$a(x) = x, \text{ da } f^*(x) = \frac{x^2 - 1}{x} = x - \frac{1}{x} \text{ und } \lim_{x \to \pm\infty} \frac{1}{x} = 0$$

Aufgabe 6.23

a)

$$f(x) = \frac{(x+2)(x-2)(x^2+4)}{x^2+1} \quad D_f = \mathbb{R}$$

Nullstellen: $x_{01} = 2, x_{02} = -2$

Achsensymmetrie zur y-Achse

Keine Polstellen und keine stetig hebbaren Definitionslücken

$$a(x) = x^2 - 1$$

b)

$$f(x) = \frac{x}{x(x+1)(x-1)} \quad D_f = \mathbb{R} \setminus \{0; -1; 1\}$$

Keine Nullstellen

Achsensymmetrie zur y-Achse

$x = 0$: stetig hebbare Definitionslücke

$$f^*(x) = \frac{1}{(x+1)(x-1)}, f^*(0) = -1$$

$x = -1$: Polstelle mit VZW +/-

$x = 1$: Polstelle mit VZW -/+

$$a(x) = 0 \text{ (x-Achse)}$$

c)

$$f(x) = \frac{x(x+1)(x-1)}{x^2} \quad D_f = \mathbb{R} \setminus \{0\}$$

Nullstellen: $x_{01} = 1, x_{02} = -1$

Punktsymmetrie zum Ursprung

$x = 0$: Polstelle mit VZW +/-

$a(x) = x$

d)

$$f(x) = \frac{x(x+1)(x-1)}{x^3(x+1)(x-1)} \quad D_f = \mathbb{R} \setminus \{0; -1; 1\}$$

keine Nullstellen

Achsensymmetrie zur y-Achse

$x = -1$ und $x = 1$: stetig hebbare Definitionslücken

$$f^*(x) = \frac{1}{x^2}$$

Lückenwerte: $f^*(-1) = f^*(1) = 1$

$x = 0$: Polstelle ohne VZW (+/+)

$a(x) = 0$

7. Differentialrechnung

Ableitungen

Die Aufgaben 7.1 – 7.3 können mit der Tabelle „Ableitungen elementarer Funktionen" und unter Verwendung der Linearität der Ableitung gelöst werden.

Aufgabe 7.1

a)
$$f'(x) = 3x^2$$

b)
$$f'(x) = -\frac{7}{x^8}$$

c)
$$f'(x) = \frac{1}{4\sqrt[4]{x^3}}$$

d)
$$f'(x) = \frac{2}{3\sqrt[3]{x}}$$

e)
$$f'(x) = -\frac{1}{2\sqrt{x^3}}$$

f)
$$f'(x) = -\frac{2}{3\sqrt[3]{x^5}}$$

Aufgabe 7.2

a)
$$f'(x) = -\frac{6}{x^3}$$

b)
$$f'(x) = -\frac{4}{3\sqrt[3]{x^4}}$$

c)
$$f'(x) = \frac{4}{\ln 3 \cdot x}$$

d)
$$f'(x) = \ln 8 \cdot 2^x$$

e)
$$f'(x) = \frac{3}{\sqrt{1-x^2}}$$

f)
$$f'(x) = \frac{1}{2(1+x^2)}$$

Aufgabe 7.3

a)
$$f'(x) = 2x^2 + 8x - 1$$

b)
$$f'(x) = 1 - \frac{6}{x^4}$$

c)
$$f'(x) = \frac{4}{3\sqrt[3]{x}} + \frac{3}{\sqrt[4]{x}}$$

d)
$$f'(x) = -\frac{12}{x^5} + \frac{1}{\sqrt{x^3}}$$

e)
$$f'(x) = 8x - \frac{4}{3\sqrt[3]{x}} - \frac{1}{x^3}$$

f)
$$f'(x) = \frac{2}{\sqrt[3]{x}} - \frac{1}{x^2} + \frac{1}{\sqrt{x^3}}$$

Aufgabe 7.4

Die Aufgaben a) – d) können mit der Produktregel und die Aufgaben e) – i) mit der Quotientenregel gelöst werden.

a)
$$f'(x) = x(\ln(x^2) + 1)$$

b)
$$f'(x) = (3x^2 + x^3)e^x$$

c)
$$f'(x) = \cos x - x \sin x$$

d)
$$f'(x) = \cos^2 x - \sin^2 x$$

e)
$$f'(x) = \frac{16 - 4x^2}{(x^2 + 4)^2}$$

f)
$$f'(x) = -\frac{x^4 + 2x}{(x^3 - 1)^2}$$

g)
$$f'(x) = \frac{x \cos x - \sin x}{x^2}$$

h)
$$f'(x) = \frac{\cos^2 x + \sin^2 x}{\cos^2 x} = \frac{1}{\cos^2 x}$$

i)
$$f'(x) = \frac{1 - 2\ln x}{x^3} = \frac{1 - \ln(x^2)}{x^3}$$

Aufgabe 7.5

Sämtliche Funktionen können mit der Kettenregel abgeleitet werden.

a)
$$f'(x) = 2x \cos(x^2 + 1)$$

b)
$$f'(x) = 6x^2 \cos(2x^3)$$

c)
$$f'(x) = 36(2x - 1)^{17}$$

d)
$$f'(x) = \frac{2x - 1}{2\sqrt{x^2 - x + 2}}$$

e)
$$f'(x) = \frac{2}{x}$$

f)
$$f'(x) = (2x + 1)e^{x^2 + x}$$

g)
$$f'(t) = 2 \cos(2t) \, e^{\sin 2t}$$

h)
$$f'(x) = -3 \sin x \cos^2 x$$

i)
$$f'(x) = 6 \ln 10 \cdot 10^{2x}$$

Aufgabe 7.6

Die Funktionen können logarithmisch abgeleitet werden.

a)

$$f(x) = e^{x \ln x}$$

$$f'(x) = (1 + \ln x)x^x$$

b)

$$f(x) = e^{\sin x \ln x}$$

$$f'(x) = \left(\cos x \ln x + \frac{\sin x}{x}\right)x^{\sin x}$$

c)

$$f(x) = e^{\sin x \ln(\cos x)}$$

$$f'(x) = \left(\cos x \ln(\cos x) - \frac{\sin^2 x}{\cos x}\right)(\cos x)^{\sin x}$$

Aufgabe 7.7

a)
$$f'(x) = x(2 \ln x - 1)$$

b)
$$f'(x) = (x+1)^2 e^x$$

c)
$$f'(x) = 2e^{2x+1}(x^2 + x)$$

d)
$$f'(x) = 2(x+1)\sin x + (x+1)^2 \cos x$$

e)
$$f'(x) = \frac{1-x}{e^{x-1}}$$

f)
$$f'(x) = \frac{(1-x)\sin x + x \cos x}{e^x}$$

g)
$$f'(x) = -\frac{2x}{\sqrt[3]{(x^2-1)^5}}$$

h)
$$f'(x) = (2 - 16x^2)e^{-4x^2}$$

i)
$$f'(x) = x^2(3\ln(4x^2) + 2)$$

j)
$$f'(x) = -\frac{3\cos x}{\sin^4 x}$$

k)
$$f'(x) = -\frac{x}{1-x^2}$$

l)
$$f'(x) = -8\sin(4x)\cos(4x)$$

Aufgabe 7.8

a)
$$f'(x) = 3ax^2 + 2bx - c$$

b)
$$f'(x) = -\frac{s}{x^{s+1}}$$

c)
$$f'(x) = \frac{m}{n}\sqrt[n]{x^{m-n}}$$

d)
$$f'(t) = ab\cos(bt) - bc\sin(bt)$$

e)
$$f'(t) = a\cos(at)\cos(bt) - b\sin(at)\sin(bt)$$

f)
$$f'(x) = nx^{n-1}\sin x + x^n\cos x$$

g)
$$f'(x) = \frac{a}{\ln b \cdot x}$$

h)
$$f'(x) = \frac{st}{n}\sqrt[n]{x^{s-n}}$$

i)
$$f'(x) = -\frac{1}{(x-a)^2}$$

j)
$$f'(x) = \frac{1}{(b-x)^2}$$

k)
$$f'(x) = \frac{1}{\sqrt{2x+c}}$$

l)
$$f'(x) = ab\cos(bx + c)$$

m)
$$f'(x) = ke^{kx}$$

n)
$$f'(x) = a(1 + x)e^x$$

o)
$$f'(x) = 2kx - \frac{k}{2}$$

p)
$$f'(x) = n\cos(nx)$$

q)
$$f'(x) = 4tx\, e^{tx^2-1}$$

r)
$$f'(x) = \frac{1}{t}e^{t-x}$$

Extremwertaufgaben

Aufgabe 7.9

$A = l \cdot b \quad U = 2l + 2b$

Nebenbedingung: $2l + 2b = 40\ [cm] \Leftrightarrow l = 20 - b\ [cm]$

Einsetzen in Flächeninhaltsformel liefert Zielfunktion $A(b)$:

$A(b) = 20b - b^2 \quad A'(b) = 20 - 2b \quad A''(b) = -2$

a)
$$l = b = 10\ [cm]$$

b)
$$A(10) = 100\ [cm^2]$$

Aufgabe 7.10

$V = a^2 h \quad O = 2a^2 + 4ah$

Nebenbedingung: $2a^2 + 4ah = 1 \Leftrightarrow h = \dfrac{1 - 2a^2}{4a}$

Einsetzen in die Volumen-Formel liefert die Zielfunktion $V(a)$:

$$V(a) = \frac{1}{4}a - \frac{1}{2}a^3 \quad V'(a) = \frac{1}{4} - \frac{3}{2}a^2 \quad V''(a) = -3a$$

a)

$$a = \frac{1}{\sqrt{6}} \ [m]$$

b)

$$h = a = \frac{1}{\sqrt{6}} \ [m]$$

Aufgabe 7.11

$h = 2l \quad V = 2bl^2 \quad O = 4l^2 + 6bl$

Nebenbedingung: $4l^2 + 6bl = 432 \Leftrightarrow b = \dfrac{216 - 2l^2}{3l}$

Einsetzen in die Volumenformel liefert die Zielfunktion $V(l)$:

$$V(l) = 144l - \frac{4}{3}l^3 \quad V'(l) = 144 - 4l^2 \quad V''(l) = -8l$$

$l = 6 \ [dm] \quad b = 8 \ [dm] \quad h = 12 \ [dm]$

Aufgabe 7.12

$O = 2\pi r^2 + 2\pi rh \quad V = \pi r^2 h \quad 1\,l = 1 \ dm^3$

Nebenbedingung: $\pi r^2 h = 0{,}785 \Leftrightarrow h = \dfrac{0{,}785}{\pi r^2}$

Einsetzen in die Oberflächen-Formel liefert Zielfunktion $O(r)$:

$$O(r) = 2\pi r^2 + \frac{1{,}57}{r} \quad O'(r) = 4\pi r - \frac{1{,}57}{r^2} \quad O''(r) = 4\pi + \frac{3{,}14}{r^3}$$

a)

$$r \approx 0{,}5 \ [dm]$$

b)

$$O(0{,}5) \approx 4{,}71 \ [dm^2]$$

Aufgabe 7.13

Einsetzen von $h = \frac{1}{\pi r^2}$ in die Oberflächenfunktion $O(r, h)$ liefert die Zielfunktion $O(r)$:

$$O(r) = 2\pi r^2 + \frac{2}{r} \quad O'(r) = 4\pi r - \frac{2}{r^2} \quad O''(r) = 4\pi + \frac{4}{r^3}$$

a)

$$r = \frac{1}{\sqrt[3]{2\pi}} \; (LE)$$

b)

$$h = \sqrt[3]{\frac{4}{\pi}} = 2 \cdot \frac{1}{\sqrt[3]{2\pi}} = 2r \; (LE)$$

Aufgabe 7.14

$G(x) = 7000x - 100x^2 \quad G'(x) = 7000 - 200x, \quad G''(x) = -200$

a) Der Gewinn wird maximal, wenn der Preis $x = 35$ GE beträgt.

b) Der maximale Gewinn beträgt $G(35) = 122500$ GE.

Aufgabe 7.15

$U(x) = p(x) \cdot x = 1000x - 4x^2 \quad U'(x) = 1000 - 8x \quad U''(x) = -8$

Der Umsatz wird für eine Absatzmenge von $x = 125$ Stück maximal.

Aufgabe 7.16

a)
$$G(x) = E(x) - K(x)$$
$$= -10x^3 + 16\,500x^2 - 3\,000\,000x - 90\,000\,000$$

b)
$$G'(x) = -30x^2 + 33\,000x - 3\,000\,000 \quad G''(x) = -60x + 33\,000$$

Der Gewinn wird maximal bei der Fertigung von 1000 Stück solcher Villen.

c)
Der maximale Gewinn beträgt $G(1000) = 3\,410\,000\,000$ EUR.

Taylor-Polynome

Aufgabe 7.17

a)

$f(x) = \ln(x + 1)$ \qquad $f(0) = 0$

$f'(x) = \dfrac{1}{x + 1}$ \qquad $f'(0) = 1$

$f''(x) = -\dfrac{1}{(x + 1)^2}$ \quad $f''(0) = -1$

$f'''(x) = \dfrac{2}{(x + 1)^3}$ \quad $f'''(0) = 2$

$f^{(4)}(x) = -\dfrac{6}{(x + 1)^4}$ \quad $f^{(4)}(0) = -6$

$f^{(5)}(x) = \dfrac{24}{(x + 1)^5}$

$$T_f^4(x) = x - \frac{1}{2}x^2 + \frac{1}{3}x^3 - \frac{1}{4}x^4$$

$$R_f^4(x) = \frac{1}{5(\xi + 1)^5}x^5 \quad \text{(für ein } \xi \text{ zwischen } x \text{ und } 0\text{)}$$

b)

$f(x) = xe^{2x}$ \qquad $f(0) = 0$

$f'(x) = e^{2x}(1 + 2x)$ \quad $f'(0) = 1$

$f''(x) = 4e^{2x}(1 + x)$ \quad $f''(0) = 4$

$f'''(x) = 4e^{2x}(3 + 2x)$ \quad $f'''(0) = 12$

$f^{(4)}(x) = 8e^{2x}(4 + 2x)$

$$T_f^3(x) = x + 2x^2 + 2x^3$$

$$R_f^3(x) = \frac{e^{2\xi}(4 + 2\xi)}{3}x^4 \quad \text{(für ein } \xi \text{ zwischen } x \text{ und } 0\text{)}$$

c)

$f(x) = x^2 e^x$ \qquad $f(0) = 0$

$f'(x) = e^x(2x + x^2)$ \quad $f'(0) = 0$

$f''(x) = e^x(2 + 4x + x^2)$ \quad $f''(0) = 2$

$f'''(x) = e^x(6 + 6x + x^2)$ \quad $f'''(0) = 6$

$f^{(4)}(x) = e^x(12 + 8x + x^2)$

$$T_f^3(x) = x^2 + x^3$$

$$R_f^3(x) = \frac{e^\xi (12 + 8\xi + \xi^2)}{4!} x^4 \quad \text{(für ein } \xi \text{ zwischen } x \text{ und 0)}$$

d)

$$f(x) = x \cos x \qquad\qquad f(0) = 0$$

$$f'(x) = \cos x - x \sin x \qquad f'(0) = 1$$

$$f''(x) = -2 \sin x - x \cos x \quad f''(0) = 0$$

$$f'''(x) = -3 \cos x + x \sin x \quad f'''(0) = -3$$

$$f^{(4)}(x) = 4 \sin x + x \cos x$$

$$T_f^3(x) = x - \frac{1}{2}x^3$$

$$R_f^3(x) = \frac{4 \sin \xi + \xi \cos \xi}{4!} x^4 \quad \text{(für ein } \xi \text{ zwischen } x \text{ und 0)}$$

Aufgabe 7.18

a)

$$f(x) = x \ln x \qquad f(1) = 0$$

$$f'(x) = \ln x + 1 \quad f'(1) = 1$$

$$f''(x) = \frac{1}{x} \qquad\quad f''(1) = 1$$

$$f'''(x) = -\frac{1}{x^2} \quad f'''(1) = -1$$

$$f^{(4)}(x) = \frac{2}{x^3}$$

$$T_f^3(x) = (x-1) + \frac{1}{2}(x-1)^2 - \frac{1}{6}(x-1)^3$$

$$R_f^3(x) = \frac{1}{12\,\xi^3}(x-1)^4 \quad \text{(für ein } \xi \text{ zwischen 1 und } x\text{)}$$

b)

$$f(x) = x \sin x \qquad\qquad f(\pi) = 0$$

$$f'(x) = \sin x + x \cos x \qquad f'(\pi) = -\pi$$

$$f''(x) = 2\cos x - x\sin x \qquad f''(\pi) = -2$$

$$f'''(x) = -3\sin x - x\cos x \qquad f'''(\pi) = \pi$$

$$f^{(4)}(x) = -4\cos x + x\sin x$$

$$T_f^3(x) = -\pi(x - \pi) - (x - \pi)^2 + \frac{\pi}{6}(x - \pi)^3$$

$$R_f^3(x) = \frac{\xi\sin\xi - 4\cos\xi}{4!}(x - \pi)^4 \quad \text{(für ein } \xi \text{ zwischen } \pi \text{ und } x)$$

Aufgabe 7.19

a)

$n = 4, x_0 = 2$

$$f(x) = e^{\frac{x}{2}} \qquad f(2) = e$$

$$f^{(1)}(x) = \frac{1}{2}e^{\frac{x}{2}} \qquad f^{(1)}(2) = \frac{1}{2}e$$

$$f^{(2)}(x) = \frac{1}{4}e^{\frac{x}{2}} \qquad f^{(2)}(2) = \frac{1}{4}e$$

$$f^{(3)}(x) = \frac{1}{8}e^{\frac{x}{2}} \qquad f^{(3)}(2) = \frac{1}{8}e$$

$$f^{(4)}(x) = \frac{1}{16}e^{\frac{x}{2}} \qquad f^{(4)}(2) = \frac{1}{16}e$$

$$T_f^4(x) = e + \frac{e}{2}(x - 2) + \frac{e}{8}(x - 2)^2 + \frac{e}{48}(x - 2)^3 + \frac{e}{384}(x - 2)^4$$

b)

$$R_f^4(x) = \frac{1}{32 \cdot 5!}e^{\frac{\xi}{2}}(x - 2)^5 \quad \text{für ein } \xi \text{ zwischen } x \text{ und } 2$$

$\sqrt{e} = f(1)$, also Auswertung von T_f^4 und R_f^4 an der Stelle $x = 1$:

$$T_f^4(1) = \frac{283}{384}e \approx 1{,}649374$$

$$\left|R_f^4(1)\right| = \left|\frac{1}{32 \cdot 5!}e^{\frac{\xi}{2}}(-1)^5\right| = \frac{1}{32 \cdot 5!}e^{\frac{\xi}{2}}$$

$$\leq \frac{e}{32 \cdot 5!} < \frac{3}{32 \cdot 5!} \approx 0{,}000781 \quad \text{da } \xi \text{ zwischen } 1 \text{ und } 2$$

Regeln von L'Hospital

Aufgabe 7.20

a)

$$\lim_{x \to \infty} \frac{3x^2 + x}{1 - 2x^2} = \lim_{x \to \infty} \left(-\frac{6x + 1}{4x}\right) = \lim_{x \to \infty} \left(-\frac{6}{4}\right) = -\frac{3}{2}$$

b)

$$\lim_{x \to \infty} \frac{\sqrt{x}}{\ln x} = \lim_{x \to \infty} \frac{\dfrac{1}{2\sqrt{x}}}{\dfrac{1}{x}} = \lim_{x \to \infty} \frac{x}{2\sqrt{x}} = \lim_{x \to \infty} \frac{\sqrt{x}}{2} = \infty$$

c)

$$\lim_{x \to \infty} \frac{\ln x}{x + 1} = \lim_{x \to \infty} \frac{\dfrac{1}{x}}{1} = \lim_{x \to \infty} \frac{1}{x} = 0$$

d)

$$\lim_{x \to \infty} \frac{\ln x + 1}{\ln(4x)} = \lim_{x \to \infty} \frac{\dfrac{1}{x}}{\dfrac{4}{4x}} = \lim_{x \to \infty} 1 = 1$$

e)

$$\lim_{x \to \infty} \frac{e^x - 1}{x^2} = \lim_{x \to \infty} \frac{e^x}{2x} = \lim_{x \to \infty} \frac{e^x}{2} = \infty$$

f)

$$\lim_{x \to \infty} \frac{e^x - e^{-x}}{x} = \lim_{x \to \infty} \frac{e^x + e^{-x}}{1} = \infty$$

Aufgabe 7.21

a)

$$\lim_{x \to 2} \frac{4x - 8}{x^3 - 8} = \lim_{x \to 2} \frac{4}{3x^2} = \frac{1}{3}$$

b)

$$\lim_{x \to 3} \frac{2x - 6}{x^3 - 3x^2} = \lim_{x \to 3} \frac{2}{3x^2 - 6x} = \frac{2}{9}$$

c)

$$\lim_{x \to 3} \frac{x^2 - 9}{x^3 - 3x^2} = \lim_{x \to 3} \frac{2x}{3x^2 - 6x} = \frac{2}{3}$$

d)

$$\lim_{x \to 2} \frac{x - 2}{x^3 - 8} = \lim_{x \to 2} \frac{1}{3x^2} = \frac{1}{12}$$

e)

$$\lim_{x \to -1} \frac{x^2 - 1}{4x + 4} = \lim_{x \to -1} \frac{2x}{4} = -\frac{1}{2}$$

f)

$$\lim_{x \to -3} \frac{x + 3}{27 - x^3} = \lim_{x \to -3} \frac{1}{-3x^2} = -\frac{1}{27}$$

Aufgabe 7.22

a)

$$\lim_{x \to 0} \frac{\sin x - x}{x^2} = \lim_{x \to 0} \frac{\cos x - 1}{2x} = \lim_{x \to 0} \frac{-\sin x}{2} = 0$$

b)

$$\lim_{x \to 0} \frac{\cos(\pi x) - 1}{x^2} = \lim_{x \to 0} \frac{-\pi \sin(\pi x)}{2x} = \lim_{x \to 0} \frac{-\pi^2 \cos(\pi x)}{2} = -\frac{\pi^2}{2}$$

c)

$$\lim_{x \to 0} \frac{\sin(\pi x)}{x^2 - 2x} = \lim_{x \to 0} \frac{\pi \cos(\pi x)}{2x - 2} = -\frac{\pi}{2}$$

d)

$$\lim_{x \to 0} \frac{\sin x}{4e^x - 4} = \lim_{x \to 0} \frac{\cos x}{4e^x} = \frac{1}{4}$$

e)

$$\lim_{x \to 0} \frac{2 \sin x}{e^x - 1} = \lim_{x \to 0} \frac{2 \cos x}{e^x} = 2$$

f)

$$\lim_{x \to 0} \frac{e^x - e^{-x}}{x} = \lim_{x \to 0} \frac{e^x + e^{-x}}{1} = 2$$

Aufgabe 7.23

a)

$$\lim_{x \to \infty} \frac{\ln x + 1}{x^n} = \lim_{x \to \infty} \frac{\frac{1}{x}}{n x^{n-1}} = \lim_{x \to \infty} \frac{1}{n x^n} = 0$$

b)

$$\lim_{x \to 0} \frac{e^{ax} - 1}{ax} = \lim_{x \to 0} \frac{a e^{ax}}{a} = 1$$

c)

$$\lim_{x \to 0} \frac{1 - e^{ax}}{a^2 x} = \lim_{x \to 0} \frac{-a e^{ax}}{a^2} = -\frac{1}{a}$$

d)

$$\lim_{x \to 0} \frac{\sin(ax) - x}{ax} = \lim_{x \to 0} \frac{a \cos(ax) - 1}{a} = \frac{a - 1}{a}$$

e)

$$\lim_{x \to 0} \frac{\cos(ax) - 1}{x^2} = \lim_{x \to 0} \frac{-a \sin(ax)}{2x} = \lim_{x \to 0} \frac{-a^2 \cos(ax)}{2} = -\frac{a^2}{2}$$

f)

$$\lim_{x \to 0} \frac{ax^2}{1 - \cos(ax)} = \lim_{x \to 0} \frac{2ax}{a \sin(ax)} = \lim_{x \to 0} \frac{2a}{a^2 \cos(ax)} = \frac{2a}{a^2} = \frac{2}{a}$$

Gemischte Aufgaben

Aufgabe 7.24

a)
$$f'(x) = 3e^{3x}$$

b)
$$f'(x) = 3e^{3x}$$

c)
$$f'(x) = 3x^2 e^{x^3}$$

Aufgabe 7.25

a)
$$f'(x) = -\frac{1}{(x-3)^2}$$

c)
$$f'(x) = -\frac{2}{(x-3)^3}$$

b)
$$f'(x) = \frac{1}{(1-x)^2}$$

d)
$$f'(x) = \frac{2}{(1-x)^3}$$

Aufgabe 7.26

a)
$$f'(x) = 8x^3 + \frac{2}{\sqrt[3]{x}} + \frac{4}{x^3}$$

b)
$$f'(x) = \frac{1}{2}x + \frac{3}{\sqrt[4]{x}} + \frac{2}{x^3}$$

c)
$$f'(x) = x^2(3\ln x + 1)$$

d)
$$f'(x) = \frac{e^x(x-2) - 2}{x^3}$$

e)
$$f'(x) = 30x^2(2x^3 + 1)^9$$

f)
$$f'(x) = \frac{2\tan x}{\sqrt{\cos x}}$$

g)
$$f'(x) = 6x \sin^2(x^2) \cos(x^2)$$

h)
$$f'(x) = \frac{\cos x}{2\sqrt{\sin x}}$$

i)
$$f'(x) = -6x^2 \cos(x^3) \sin(x^3)$$
$$= -3x^2 \sin(2x^3)$$

j)
$$f'(x) = 4e^{2x+1}$$

k)
$$f'(x) = 4\cos x \sin^3 x$$

l)
$$f'(x) = \frac{2x}{\ln 2 \cdot (x^2 + 1)}$$

m)

$$f'(x) = e^x \left(\frac{1}{\sqrt{x}} + 2\sqrt{x} \right)$$

n)

$$f'(x) = \frac{\ln 2 \cdot 2^x + \ln 3 \cdot 3^x}{2}$$

o)

$$f'(x) = \left(\frac{1}{\ln 3} - \frac{3}{\ln 0.5} \right) \cdot \frac{1}{x}$$

p)

$$f'(x) = \frac{2 \ln x}{x}$$

q)

$$f'(x) = -8 \sin(4x) \cos(4x)$$
$$= -4 \sin(8x)$$

r)

$$f'(x) = \frac{x^2 + 1}{\sqrt[3]{(x^3 + 3x)^2}}$$

s)

$$f'(x) = -\frac{12}{(3x - 1)^5}$$

t)

$$f'(x) = -\frac{3 \cos x}{\sin^4 x}$$

u)

$$f'(x) = \frac{1 - \ln x}{x^2}$$

v)

$$f'(x) = 2x^3 + \frac{3}{2 \sqrt[4]{x}} + \frac{2}{3x\sqrt[3]{x^2}}$$

w)

$$f'(x) = 2x(xe^{2x} + e^{2x} + 1)$$

x)

$$f'(x) = 8x^3(x^4 - 1)^7$$

y)

$$f'(x) = \frac{1}{\sqrt{\cos x}} + \frac{x \tan x}{2\sqrt{\cos x}}$$

z)

$$f'(x) = 9x^2 \sin^2(x^3) \cos(x^3) = \frac{9x^2 \sin(2x^3)}{2}$$

Aufgabe 7.27

a)

$$f'(x) = 4x - 1$$
$$f'(1) = 3$$

b)

$$f'(x) = -\frac{2}{x^2}$$
$$f'(2) = -\frac{1}{2}$$

c)

$$f'(x) = \ln x + 1$$
$$f'(e^2) = 3$$

d)

$$f'(t) = 2 \cos(2t)$$
$$f'(\pi) = 2$$

e)

$$f'(x) = e^{x^3 - 1}(1 + 3x^3)$$
$$f'(1) = 4$$

f)

$$f'(x) = \ln 2 \cdot 4^x$$
$$f'\left(\frac{1}{2} \right) = \ln 4$$

g)

$$f'(x) = 2^x$$
$$f'(3) = 8$$

h)

$$f'(x) = (4x - 2)e^{x^2 - x}$$
$$f''(x) = (8x^2 - 8x + 6)e^{x^2 - x} \quad f''(0) = 6$$

Aufgabe 7.28

a)

$$\dot{y} = -gt$$
$$\dot{y}(0) = 0$$

b)

$$f'(x) = \sin(nx) + nx\cos(nx)$$
$$f'(2\pi) = 2n\pi$$

c)

$$f'(x) = 2\sin(2nx) \quad f''(x) = 4n\cos(2nx) \quad f''(\pi) = 4n$$

d)

$$f'(x) = -\cos(n\pi x) \quad f''(x) = n\pi \cdot \sin(n\pi x) \quad f''\left(\frac{1}{2n}\right) = n\pi$$

Aufgabe 7.29

Die Tangentengleichung ist von der Form $y = mx + b$ mit $m = f'(2) = 4$.
Einsetzen des gemeinsamen Punktes $(2,2)$ in die Tangentengleichung liefert
$b = -6$. Insgesamt: $y = 4x - 6$

Aufgabe 7.30

$f(x) = \sin x \quad f'(x) = \cos x$

a)

$$\cos x = 1 \Leftrightarrow x = 2n\pi , n \in \mathbb{Z}$$

b)

Die Tangentengleichung ist von der Form $y = mx + b$ mit
$m = \cos(2\pi) = 1$. Einsetzen des Punktes $(2\pi, \sin(2\pi)) = (2\pi, 0)$
in die Tangentengleichung liefert $b = -2\pi$.
Insgesamt: $y = x - 2\pi$

Aufgabe 7.31

Da f eine ganzrationale Funktion 4. Grades und gerade ist, ist die Funktionsgleichung von der Form $f(x) = ax^4 + cx^2 + e$.

Einsetzen der Koordinaten des Hochpunktes in die Funktionsgleichung liefert $e = 2$.

Ausnutzung der Nullstellen der ersten Ableitung $f'(x) = 4ax^3 + 2cx$ an den beiden lokalen Extremstellen liefert ein Gleichungssystem in den Unbekannten a und c mit der Lösung $a = \frac{1}{8}$ und $c = -1$.

Insgesamt: $f(x) = \frac{1}{8}x^4 - x^2 + 2$

Aufgabe 7.32

a)

$f(x) = x^3 - 3x \qquad D_f = \mathbb{R}$

Stetig auf ganz $\mathbb{R}$

Nullstellen: $x_{01} = -\sqrt{3} \qquad x_{02} = 0 \qquad x_{03} = \sqrt{3}$

Punktsymmetrie zum Ursprung

$f'(x) = 3x^2 - 3$

$f''(x) = 6x$

$f'''(x) = 6$

2 lokale Extrema:

    Hochpunkt $H(-1; 2)$

    Tiefpunkt $T(1; -2)$

1 Wendepunkt:

    $W(0; 0)$ mit
    re/li-Krümmung

$\lim\limits_{x \to \pm\infty} f(x) = \pm\infty$

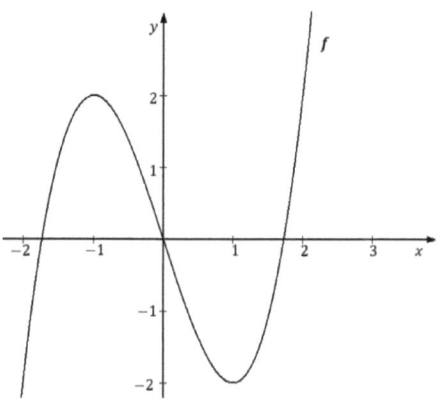

b)

$$f(x) = \frac{1}{2}x^5 - \frac{5}{3}x^3 + \frac{5}{2}x$$

$D_f = \mathbb{R}$

Stetig auf ganz $\mathbb{R}$

Nullstelle $x_0 = 0$

Punktsymmetrie zum Ursprung

$$f'(x) = \frac{5}{2}x^4 - 5x^2 + \frac{5}{2} \quad f''(x) = 10x^3 - 10x \quad f'''(x) = 30x^2 - 10$$

Keine lokalen Extrema

3 Wendepunkte: $W_1\left(-1; -\frac{4}{3}\right)$ mit re/li-Krümmung (Sattelpunkt)

$W_2(0; 0)$ mit li/re-Krümmung

$W_3\left(1; \frac{4}{3}\right)$ mit re li-Krümmung (Sattelpunkt)

$$\lim_{x \to \pm\infty} f(x) = \pm\infty$$

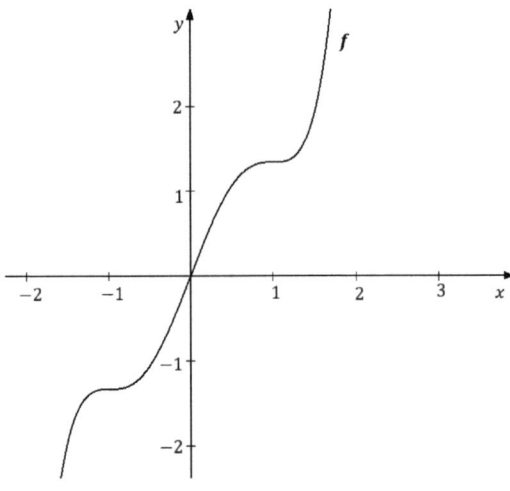

c)

$$f(x) = \frac{x^4}{x(x+1)(x-1)} \qquad D_f = \mathbb{R} \setminus \{0, 1, -1\}$$

$x = 0$: stetig hebbare Definitionslücke

stetig ergänzte Funktion: $f^*(x) = \dfrac{x^3}{x^2 - 1}$

Lückenwert an der Stelle $x = 0$: $f^*(0) = 0$

$x = -1$ und $x = 1$: Polstellen mit Vorzeichenwechsel $(-/+)$

Keine Nullstellen, Punktsymmetrie zum Ursprung

$$f^{*\prime}(x) = \frac{x^2(x^2 - 3)}{(x^2 - 1)^2} \qquad f^{*\prime\prime}(x) = \frac{2x(x^2 + 3)}{(x^2 - 1)^3}$$

2 lokale Extrema: Tiefpunkt $T\left(\sqrt{3}, \dfrac{3\sqrt{3}}{2}\right)$

Hochpunkt $H\left(-\sqrt{3}, -\dfrac{3\sqrt{3}}{2}\right)$

Keine Wendepunkte (obwohl f^* einen Sattelpunkt bei $W^*(0,0)$ hat)

Asymptote, die das Verhalten im Unendlichen beschreibt: $a(x) = x$

$$\lim_{x \to \pm\infty} f(x) = \lim_{x \to \pm\infty} x = \pm\infty$$

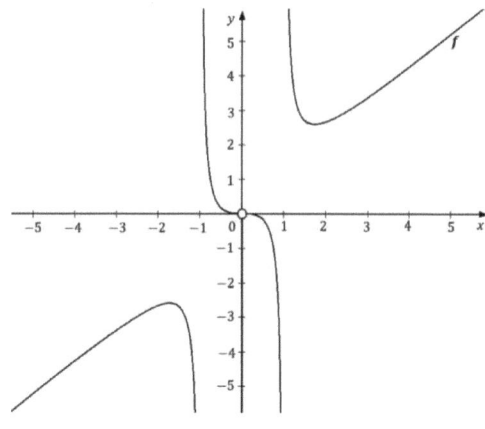

d)

$$f(x) = \frac{(x+2)(x-2)(x+3)(x-3)}{x(x+3)(x-3)} \qquad D_f = \mathbb{R} \setminus \{0, 3, -3\}$$

$x = 0$: Polstelle mit Vorzeichenwechsel $+/-$

$x = -3$ und $x = 3$: stetig hebbare Definitionslücken

$$\text{stetig ergänzte Funktion } f^*(x) = \frac{(x+2)(x-2)}{x}$$

$$\text{Lückenwerte: } f^*(-3) = -\frac{5}{3} \quad f^*(3) = \frac{5}{3}$$

Nullstellen: $x_{01} = -2$ und $x_{02} = 2$

Punktsymmetrie zum Ursprung

$$f^{*\prime}(x) = \frac{x^2+4}{x^2} \quad f^{*\prime\prime}(x) = -\frac{8}{x^3}$$

keine lokalen Extrema

keine Wendepunkte

Asymptote, die das Verhalten im Unendlichen beschreibt: $a(x) = x$

$$\lim_{x \to \pm\infty} f(x) = \lim_{x \to \pm\infty} x = \pm\infty$$

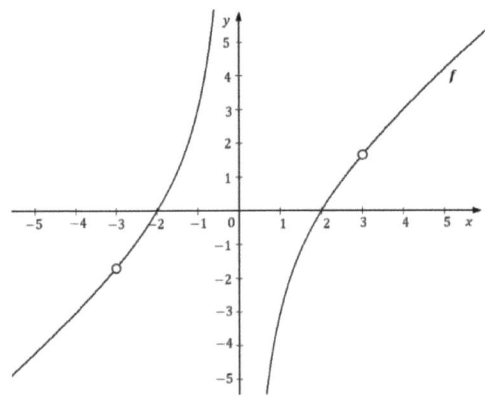

e)

$f(x) = 2e^{1-x^2} \quad D_f = \mathbb{R}$

Stetig auf ganz $\mathbb{R}$

Keine Nullstellen

Achsensymmetrie
zur y-Achse

$f'(x) = -4xe^{1-x^2}$

$f''(x) = 4(2x^2 - 1)e^{1-x^2}$

$f'''(x) = 8x(3 - 2x^2)e^{1-x^2}$

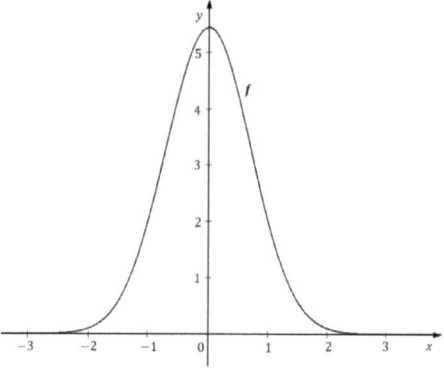

1 lokales Extremum: Hochpunkt $H(0; 2e)$

2 Wendepunkte: $W_1\left(-\dfrac{1}{\sqrt{2}}; 2\sqrt{e}\right)$ mit li/re-Krümmung

$$W_2\left(\dfrac{1}{\sqrt{2}}; 2\sqrt{e}\right) \text{ mit re/li-Krümmung}$$

$\lim\limits_{x \to \pm\infty} f(x) = \lim\limits_{x \to \pm\infty} \left(\dfrac{2e}{e^{x^2}}\right) = 0$, d.h. die x-Achse ist Asymptote

f)

$f(x) = (1 - e^{-x})^2 \quad D_f = \mathbb{R}$

Stetig auf ganz $\mathbb{R}$, Nullstelle: $x_0 = 0$

Weder Achsensymmetrie zur y-Achse noch Punktsymmetrie zum
Ursprung

$f'(x) = 2e^{-x}(1 - e^{-x}) \quad f''(x) = 2e^{-x}(2e^{-x} - 1)$

$f'''(x) = 2e^{-x}(1 - 4e^{-x})$

1 lokales Extremum: Tiefpunkt $T(0; 0)$

1 Wendepunkt: $W\left(\ln 2 ; \dfrac{1}{4}\right)$ mit li/re-Krümmung

$$\lim_{x \to \infty} f(x) = \lim_{x \to \infty} \left(1 - \frac{1}{e^x}\right)^2 = 1 \qquad \lim_{x \to -\infty} f(x) = \lim_{x \to \infty} (1 - e^x)^2 = +\infty$$

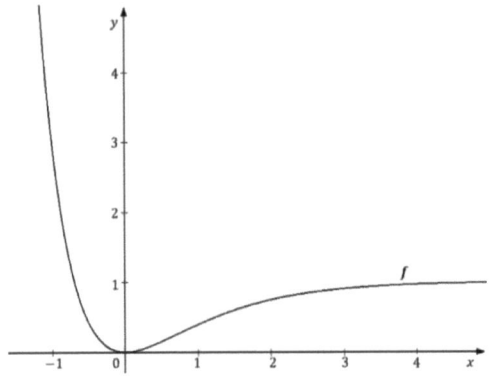

g)

$$f(x) = \ln(x^2 + 1) \qquad D_f = \mathbb{R}$$

Stetig auf ganz $\mathbb{R}$, Nullstelle $x_0 = 0$

Achsensymmetrie zur y-Achse

$$f'(x) = \frac{2x}{x^2 + 1} \qquad f''(x) = \frac{2(1 - x^2)}{(x^2 + 1)^2} \qquad f'''(x) = \frac{4x(x^2 - 3)}{(x^2 + 1)^2}$$

1 lokales Extremum: Tiefpunkt $T(0; 0)$

2 Wendepunkte: $W_1(-1; \ln 2)$ re/li -Krümmung

$\qquad\qquad\qquad W_2(1; \ln 2)$ li/re-Krümmumg

$$\lim_{x \to \pm\infty} f(x) = \infty$$

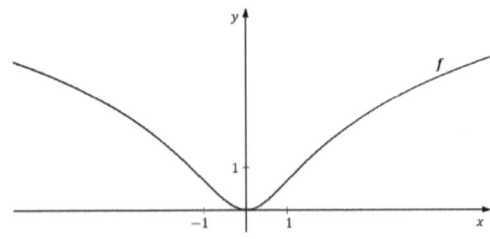

h)

$$f(x) = x \ln x \qquad D_f = \mathbb{R}^{>0}$$

Stetig auf $\mathbb{R}^{>0}$, auf dem Intervall $]-\infty, 0]$ nicht definiert

Nullstelle bei $x_0 = 1$

Weder Achsensymmetrie zur y-Achse noch Punktsymmetrie zum Ursprung

$$f'(x) = \ln x + 1 \qquad f''(x) = \frac{1}{x}$$

1 lokales Extremum: Tiefpunkt $T\left(\frac{1}{e}; -\frac{1}{e}\right)$

Keine Wendepunkte

$$\lim_{x \to -\infty} f(x) \text{ existiert nicht} \qquad \lim_{x \to +\infty} f(x) = +\infty$$

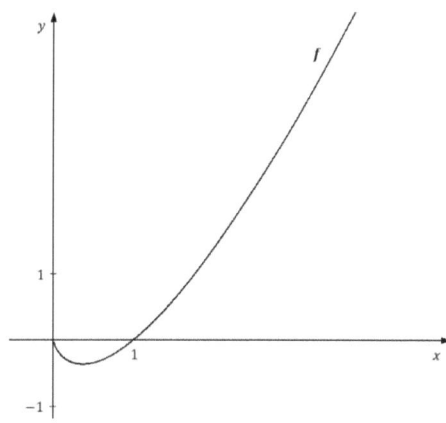

8. Integralrechnung

Unbestimmte Integrale

Aufgabe 8.1
Sämtliche Integrale ergeben sich aus der Tabelle mit Grundintegralen.

a)
$$x + C$$

b)
$$\frac{1}{4}x^4 + C$$

c)
$$-\frac{1}{2}x^{-2} + C$$

d)
$$-\frac{1}{x} + C$$

e)
$$\ln|x| + C$$

f)
$$\frac{2}{3}\sqrt{x^3} + C$$

g)
$$\frac{3}{5}\sqrt[3]{x^5} + C$$

h)
$$\frac{3}{2}\sqrt[3]{x^2} + C$$

i)
$$4\sqrt[4]{x} + C$$

Aufgabe 8.2
Sämtliche Integrale können mit der Tabelle mit Grundintegralen und der Linearität bestimmt werden.

a)
$$\frac{1}{4}x^4 + \frac{1}{2}x^2 + x + C$$

b)
$$x^3 + \frac{1}{2}x^2 - x + C$$

c)
$$-\frac{1}{x^2} - \ln|x| + C$$

d)
$$x^2 - \sqrt{x^3} + C$$

e)
$$\frac{3}{4}\sqrt[3]{x^4} + \frac{1}{2}\sqrt{x} + C$$

f)
$$x^2 + \ln|x| + C$$

g)
$$\frac{3}{4}x^2 + \arctan x + C$$

h)
$$2\sin x + \cos x + C$$

i)
$$3e^x - \ln(x^2) + C$$

Alle Integrale der Aufgaben 8.3 und 8.4 können mittels einfacher oder zweifacher partieller Integration berechnet werden.

Aufgabe 8.3

a)

$u = x, \ v' = e^x$

$$\int xe^x \, dx = xe^x - \int e^x \, dx = xe^x - e^x + C = e^x(x - 1) + C$$

b)

$u = x, v' = \cos x$

$$\int x \cos x \, dx = x \sin x - \int \sin x \, dx = x \sin x + \cos x + C$$

c)

$u = 2x, v' = \sin x$

$$\int 2x \sin x \, dx = -2x \cos x + \int 2 \cos x \, dx = 2(\sin x - x \cos x) + C$$

d)

$1. : u = x^2, v' = \cos x$ und $2. : r = 2x, s' = \sin x$

$$\int x^2 \cos x \, dx = x^2 \sin x - \int 2x \sin x \, dx$$

$$= x^2 \sin x + 2x \cos x - \int 2 \cos x \, dx$$

$$= (x^2 - 2) \sin x + 2x \cos x + C$$

e)

$u' = x^3, v = \ln x$

$$\int x^3 \ln x \, dx = \frac{1}{4}x^4 \ln x - \int \frac{1}{4}x^3 \, dx = \frac{1}{4}x^4 \left(\ln x - \frac{1}{4} \right) + C$$

f)

$u' = \sqrt{x}, v = \ln x$

$$\int \sqrt{x} \ln x \, dx = \frac{2}{3}\sqrt{x^3} \ln x - \frac{2}{3} \int \sqrt{x} \, dx = \frac{2}{3}\sqrt{x^3} \left(\ln x - \frac{2}{3} \right) + C$$

Aufgabe 8.4

a)

$u = x - 1, v' = \cos x$

$$\int (x-1)\cos x \, dx = (x-1)\sin x - \int \sin x \, dx = (x-1)\sin x + \cos x + C$$

b)

$u = 2x + 1, v' = \sin x$

$$\int (2x+1)\sin x \, dx = -(2x+1)\cos x + \int 2\cos x \, dx$$

$$= 2\sin x - (2x+1)\cos x + C$$

c)

1. $u = \frac{1}{2}x^2 + 4, v' = \sin x$ 2. $r = x, s' = \cos x$

$$\int \left(\frac{1}{2}x^2 + 4\right)\sin x \, dx = -\left(\frac{1}{2}x^2 + 4\right)\cos x + \int x \cos x \, dx$$

$$= -\left(\frac{1}{2}x^2 + 4\right)\cos x + \left(x \sin x - \int \sin x \, dx\right)$$

$$= -\left(\frac{1}{2}x^2 + 3\right)\cos x + x \sin x + C$$

d)

$u = 2x + 1, v' = e^x$

$$\int (2x+1)e^x dx = (2x+1)e^x - \int 2e^x dx$$

$$= (2x+1)e^x - 2e^x + C = (2x-1)e^x + C$$

e)

1. $u = x^2 + 1, v' = e^x$ 2. $r = 2x, s' = e^x$

$$\int (x^2 + 1)e^x dx = (x^2 + 1)e^x - \int 2xe^x dx$$

$$= (x^2 + 1)e^x - \left(2xe^x - \int 2e^x dx\right) = (x^2 - 2x + 3)e^x + C$$

f)

$$u' = x^{-4}, v = \ln x$$

$$\int \frac{\ln x}{x^4}\, dx = \int x^{-4} \ln x \, dx = -\frac{1}{3x^3} \ln x + \frac{1}{3} \int x^{-4} dx$$

$$= -\frac{\ln x}{3x^3} - \frac{1}{9x^3} + C = -\frac{3 \ln x + 1}{9x^3} + C$$

Aufgabe 8.5

$$\int e^x \cos x \, dx = e^x \sin x - \int e^x \sin x \, dx$$

$$= e^x \sin x + e^x \cos x - \int e^x \cos x \, dx$$

Zusammensetzen von Anfang und Ende der Gleichungskette liefert die Gleichung

$$\int e^x \cos x \, dx = e^x \sin x + e^x \cos x - \int e^x \cos x \, dx \ ,$$

die nach dem gesuchten Integral aufgelöst werden kann:

$$\int e^x \cos x \, dx = e^x \sin x + e^x \cos x - \int e^x \cos x \, dx$$

$$\Leftrightarrow \ 2 \int e^x \cos x \, dx = e^x (\sin x + \cos x) + \tilde{C}$$

$$\Leftrightarrow \ \int e^x \cos x \, dx = \frac{1}{2} e^x (\sin x + \cos x) + C$$

Aufgabe 8.6

Sämtliche Integrale können mit linearer Substitution gelöst werden.

a)

$$-\frac{1}{x-3} + C$$

c)

$$\frac{4}{3} \sqrt{(2x+1)^3} + C$$

e)

$$4e^{\frac{x}{4}} + C$$

b)

$$-\frac{1}{2(x+2)^2} + C$$

d)

$$\sqrt{2x-1} + C$$

f)

$$\frac{1}{2} \sin(2x+1) + C$$

Aufgabe 8.7

Alle Integrale können durch Substitution gelöst werden.

a)

$$u = x^4 - 1, dx = \frac{1}{4x^3} du$$

$$\int 4x^3 (x^4 - 1)^{10}\, dx = \int u^{10}\, du = \frac{1}{11} u^{11} + C = \frac{1}{11}(x^4 - 1)^{11} + C$$

b)

$$u = x^2 + x, dx = \frac{1}{2x + 1} du$$

$$\int (2x + 1)(x^2 + x)^7 dx = \int u^7 du = \frac{1}{8} u^8 + C = \frac{1}{8}(x^2 + x)^8 + C$$

c)

$$u = 3x^2 - 4, dx = \frac{1}{6x} du$$

$$\int 12x \cdot \sqrt[3]{3x^2 - 4}\, dx = 2 \int \sqrt[3]{u}\, du = \frac{3}{2} \sqrt[3]{u^4} + C = \frac{3}{2}\sqrt[3]{(3x^2 - 4)^4} + C$$

d)

$$u = x^4 - x, dx = \frac{1}{4x^3 - 1} du$$

$$\int \frac{8x^3 - 2}{\sqrt[3]{x^4 - x}}\, dx = 2 \int \frac{1}{\sqrt[3]{u}}\, du = 3\sqrt[3]{u^2} + C = 3\sqrt[3]{(x^4 - x)^2} + C$$

e)

$$u = x^2 + 2x, dx = \frac{1}{2(x + 1)} du$$

$$\int (x + 1) \sin(x^2 + 2x)\, dx = \frac{1}{2} \int \sin u\, du$$

$$= -\frac{1}{2} \cos u + C = -\frac{1}{2} \cos(x^2 + 2x) + C$$

f)

$$u = x^2 + 1, dx = \frac{1}{2x} du$$

$$\int 4x e^{x^2+1} dx = 2 \int e^u \, du = 2e^u + C = 2e^{x^2+1} + C$$

Aufgabe 8.8

Sämtliche Integrale können mit Substitution und unter Zuhilfenahme der Substitutionsgleichung gelöst werden. Bei den Unteraufgaben c) – f) ist zudem noch partielle Integration erforderlich.

a)

$$u = x^4 + 1 \Leftrightarrow x^4 = u - 1, dx = \frac{1}{4x^3} du$$

$$\int \frac{8x^7}{(x^4+1)^3} dx = 2 \int \frac{u-1}{u^3} du = 2 \int \left(\frac{1}{u^2} - \frac{1}{u^3} \right) du = 2 \left(-\frac{1}{u} + \frac{1}{2u^2} \right) + C$$

$$= \frac{1-2u}{u^2} + C = -\frac{2x^4+1}{(x^4+1)^2} + C$$

b)

$$u = x^4 + 1 \Leftrightarrow x^4 = u - 1, dx = \frac{1}{4x^3} du$$

$$\int 4x^7 \sqrt{x^4+1} \, dx = \int (u-1)\sqrt{u} \, du = \int \left(u^{\frac{3}{2}} - u^{\frac{1}{2}} \right) du$$

$$= \frac{2}{5} u^{\frac{5}{2}} - \frac{2}{3} u^{\frac{3}{2}} + C = \left(\frac{2}{5} u^2 - \frac{2}{3} u \right) u^{\frac{1}{2}} + C$$

$$= \left(\frac{2}{5}(x^4+1)^2 - \frac{2}{3}(x^4+1) \right) \sqrt{x^4+1} + C$$

$$= \frac{2}{15} (3x^8 + x^4 - 2)\sqrt{x^4+1} + C$$

c)

$$u = x^4, dx = \frac{1}{4x^3} du$$

$$\int 4x^7 \ln(x^4) \, dx = \int u \ln u \, du = \frac{1}{2} u^2 \ln u - \int \frac{1}{2} u \, du$$

$$= \frac{1}{2} u^2 \ln u - \frac{1}{4} u^2 + C = \frac{1}{4} u^2 (2 \ln u - 1) + C$$

$$= \frac{1}{4} x^8 (2 \ln(x^4) - 1) + C$$

d)

$$u = 2x - 1 \Leftrightarrow x = \frac{1}{2}(u+1), dx = \frac{1}{2} du$$

$$\int 4xe^{2x-1} dx = \int (u+1)e^u du = (u+1)e^u - \int e^u du$$

$$= ue^u + C = (2x-1)e^{2x-1} + C$$

e)

$$u = \sqrt{x} \Rightarrow x = u^2, dx = 2\sqrt{x} du$$

$$\int \frac{\sqrt{x}}{2} e^{\sqrt{x}} dx = \int u^2 e^u du = u^2 e^u - \int 2u \, e^u du$$

$$= u^2 e^u - \left(2u \, e^u - \int 2e^u du \right) = u^2 e^u - 2u \, e^u + 2e^u + C$$

$$= (u^2 - 2u + 2)e^u + C = \left(x - 2\sqrt{x} + 2 \right) e^{\sqrt{x}} + C$$

f)

$$u = x^3 + 1 \Leftrightarrow x^3 = u - 1, dx = \frac{1}{3x^2} du$$

$$\int 3x^5 \sin(x^3 + 1) \, dx = \int (u-1) \sin u \, du$$

$$= -(u-1) \cos u + \int \cos u \, du = (1-u) \cos u + \sin u + C$$

$$= \sin(x^3 + 1) - x^3 \cos(x^3 + 1) + C$$

Aufgabe 8.9

Sämtliche Integrale können durch Umformung und Substitution in die Form von Grundintegralen gebracht werden, die auf Arkusfunktionen oder Areafunktionen führen.

a)

$$u = \frac{x}{2}, dx = 2\, du$$

$$\int \frac{1}{x^2 + 4} dx = \frac{1}{4} \int \frac{1}{\left(\frac{x}{2}\right)^2 + 1} dx = \frac{1}{2} \int \frac{1}{u^2 + 1} du = \frac{1}{2} \arctan\left(\frac{x}{2}\right) + C$$

b)

$$u = \frac{x - 2}{\sqrt{2}}, dx = \sqrt{2}\, du$$

$$\int \frac{1}{x^2 - 4x + 6} dx = \int \frac{1}{(x - 2)^2 + 2} dx = \frac{1}{2} \int \frac{1}{\left(\frac{x - 2}{\sqrt{2}}\right)^2 + 1} dx$$

$$= \frac{1}{\sqrt{2}} \int \frac{1}{u^2 + 1} du = \frac{1}{\sqrt{2}} \arctan\left(\frac{x - 2}{\sqrt{2}}\right) + C$$

c)

$$u = \frac{x}{\sqrt{3}}, dx = \sqrt{3}\, du$$

$$\int \frac{1}{\sqrt{3 - x^2}} dx = \int \frac{1}{\sqrt{3}} \cdot \frac{1}{\sqrt{1 - \left(\frac{x}{\sqrt{3}}\right)^2}} dx = \int \frac{1}{\sqrt{1 - u^2}} du$$

$$= \arcsin u + C = \arcsin \frac{x}{\sqrt{3}} + C$$

d)

$$u = \frac{x}{4}, dx = 4\, du$$

$$\int \frac{1}{\sqrt{x^2 + 16}} dx = \frac{1}{4} \int \frac{1}{\sqrt{\left(\frac{x}{4}\right)^2 + 1}} dx = \int \frac{1}{\sqrt{u^2 + 1}} du$$

$$= \text{arsinh}\, u + C = \text{arsinh} \frac{x}{4} + C$$

e)

$$u = x + 3, dx = du$$

$$\int \frac{1}{\sqrt{x^2 + 6x + 10}}\, dx = \int \frac{1}{\sqrt{(x+3)^2 + 1}}\, dx = \int \frac{1}{\sqrt{u^2 + 1}}\, dx$$

$$= \text{arsinh } u + C = \text{arsinh } (x + 3) + C$$

f)

$$u = \frac{3}{4}x, dx = \frac{4}{3}\, du$$

$$\int \frac{1}{\sqrt{9x^2 - 16}}\, dx = \int \frac{1}{4 \cdot \sqrt{\left(\frac{3x}{4}\right)^2 - 1}}\, dx = \frac{1}{3}\int \frac{1}{\sqrt{u^2 - 1}}\, du$$

$$= \frac{1}{3} \cdot \begin{cases} \text{arcosh}(u) + C, u > 1 \\ -\text{arcosh}(-u) + C, u < -1 \end{cases}$$

$$= \frac{1}{3} \cdot \begin{cases} \text{arcosh}\left(\frac{3}{4}x\right) + C, \ x > \frac{4}{3} \\ -\text{arcosh}\left(-\frac{3}{4}x\right) + C, \ x < -\frac{4}{3} \end{cases}$$

Aufgabe 8.10

Sämtliche Integrale können entweder direkt logarithmisch oder nach einer kleinen Umformung logarithmisch gelöst werden.

a)

$$\ln|e^x + x| + C$$

b)

$$\frac{1}{6}\ln|\sin(2x)| + C$$

c)

$$\ln|x^3 - x| + C$$

d)

$$2\ln\left|x^2 - x + \frac{1}{2}\right| + C$$

e)

$$\frac{1}{2}\ln(x^4 + x^2 + 1) + C$$

f)

$$\frac{3}{2}\ln|2x^3 + x^2 + 2| + C$$

Sämtliche Integranden der Aufgaben 8.11 – 8.15 können mit Partialbruch-zerlegung vereinfacht werden.

Aufgabe 8.11

Sämtliche Nenner zerfallen vollständig in 1-fache reelle Linearfaktoren.

a)

$$\int \frac{3x+5}{x^2+2x-3}\,dx = \int \frac{3x+5}{(x-1)(x+3)}\,dx = \int \left(\frac{2}{x-1}+\frac{1}{x+3}\right)dx$$

$$= 2\ln|x-1| + \ln|x+3| + C = \ln|(x-1)^2(x+3)| + C$$

b)

$$\int \frac{x-8}{x^2-x-2}\,dx = \int \frac{x-8}{(x+1)(x-2)}\,dx = \int \left(\frac{3}{x+1}-\frac{2}{x-2}\right)dx$$

$$= 3\ln|x+1| - 2\ln|x-2| + C = \ln\left|\frac{(x+1)^3}{(x-2)^2}\right| + C$$

c)

$$\int \frac{6x^2-5x-9}{x^3-7x+6}\,dx = \int \frac{6x^2-5x-9}{(x-1)(x-2)(x+3)}\,dx$$

$$= \int \left(\frac{2}{x-1}+\frac{1}{x-2}+\frac{3}{x+3}\right)dx$$

$$= 2\ln|x-1| + \ln|x-2| + 3\ln|x+3| + C$$

$$= \ln|(x+3)^3(x-1)^2(x-2)| + C$$

d)

$$\int \frac{-2x^2-7x+15}{x^3-4x^2-x+4}\,dx = \int \frac{-2x^2-7x+15}{(x+1)(x-1)(x-4)}\,dx$$

$$= \int \left(\frac{2}{x+1}-\frac{1}{x-1}-\frac{3}{x-4}\right)dx$$

$$= 2\ln|x+1| - \ln|x-1| - 3\ln|x-4| + C$$

$$= \ln\left|\frac{(x+1)^2}{(x-4)^3(x-1)}\right| + C$$

Aufgabe 8.12

Alle Nenner zerfallen vollständig in reelle Linearfaktoren. Mindestens einer davon kommt mehrfach vor.

a)

$$\int \frac{3x^2 - 4x + 3}{x^3 - 3x^2} \, dx = \int \frac{3x^2 - 4x + 3}{x^2(x - 3)} \, dx = \int \frac{1}{x} \, dx - \int \frac{1}{x^2} \, dx + \int \frac{2}{x - 3} \, dx$$

$$= \ln|x| + \frac{1}{x} + 2\ln|x - 3| + C = \ln|x(x - 3)^2| + \frac{1}{x} + C$$

b)

$$\int \frac{x^2 + 5x - 3}{x^3 - 3x + 2} \, dx = \int \frac{x^2 + 5x - 3}{(x - 1)^2(x + 2)} \, dx$$

$$= \int \frac{2}{x - 1} \, dx + \int \frac{1}{(x - 1)^2} \, dx - \int \frac{1}{x + 2} \, dx$$

$$= 2\ln|x - 1| - \frac{1}{x - 1} - \ln|x + 2| + C$$

$$= \ln\left|\frac{(x - 1)^2}{x + 2}\right| - \frac{1}{x - 1} + C$$

c)

$$\int \frac{2x^2 + 1}{x^3 + 2x^2 + x} \, dx = \int \frac{2x^2 + 1}{(x + 1)^2 x} \, dx = \int \left(\frac{1}{x + 1} - \frac{3}{(x + 1)^2} + \frac{1}{x}\right) dx$$

$$= \ln|x + 1| + \frac{3}{x + 1} + \ln|x| + C$$

$$= \ln|x(x + 1)| + \frac{3}{x + 1} + C$$

d)

$$\int \frac{x^2}{x^3 - x^2 - x + 1} \, dx = \int \frac{x^2}{(x - 1)^2(x + 1)} \, dx$$

$$= \frac{3}{4} \int \frac{1}{x - 1} \, dx + \frac{1}{2} \int \frac{1}{(x - 1)^2} \, dx + \frac{1}{4} \int \frac{1}{x + 1} \, dx$$

$$= \frac{3}{4}\ln|x - 1| - \frac{1}{2}\frac{1}{x - 1} + \frac{1}{4}\ln|x + 1| + C$$

$$= \ln \sqrt[4]{|(x-1)^3(x+1)|} - \frac{1}{2(x-1)} + C$$

Aufgabe 8.13

Alle Nenner enthalten quadratische Faktoren ohne reelle Nullstelle.

a)

$$\int \frac{3x^2 + 2x + 5}{x^3 + x^2 + x + 1} dx = \int \frac{3x^2 + 2x + 5}{(x+1)(x^2+1)} dx = \int \left(\frac{3}{x+1} + \frac{2}{x^2+1} \right) dx$$

$$= 3\ln|x+1| + 2\arctan x + C$$

b)

$$\int \frac{4x^2 - x + 1}{x^3 - x^2 + x - 1} dx = \int \frac{4x^2 - x + 1}{(x-1)(x^2+1)} dx = \int \left(\frac{2}{x-1} + \frac{2x+1}{x^2+1} \right) dx$$

$$= \int \left(\frac{2}{x-1} + \frac{2x}{x^2+1} + \frac{1}{x^2+1} \right) dx$$

$$= 2\ln|x-1| + \ln(x^2+1) + \arctan x + C$$

$$= \ln\left((x-1)^2(x^2+1) \right) + \arctan x + C$$

c)

$$\int \frac{5x^2 + 7x - 7}{x^3 + 3x^2 + 4x + 2} dx = \int \frac{5x^2 + 7x - 7}{(x+1)(x^2+2x+2)} dx$$

$$= \int \left(\frac{3}{x+1} + \frac{2x-1}{x^2+2x+2} \right) dx = \int \frac{3}{x+1} dx + \int \frac{2x+2-3}{x^2+2x+2} dx$$

$$= 3 \int \frac{1}{x+1} dx + \int \frac{2x+2}{x^2+2x+2} dx - 3 \int \frac{1}{x^2+2x+2} dx$$

$$= 3\ln|x+1| + \ln|x^2+2x+2| - 3\arctan(x+1) + C$$

$$= \ln|(x+1)^3(x^2+2x+2)| - 3\arctan(x+1) + C$$

d)

$$\int \frac{x^2 + 5x + 19}{x^3 + 3x^2 + 16x - 20}\, dx = \int \frac{x^2 + 5x + 19}{(x-1)(x^2 + 4x + 20)}\, dx$$

$$= \int \left(\frac{1}{x-1} + \frac{1}{x^2 + 4x + 20} \right) dx$$

$$= \ln|x-1| + \frac{1}{4} \arctan \left(\frac{x+2}{4} \right) + C$$

Aufgabe 8.14

a)

$$\int \frac{x^2 + 2x + 3}{x^3 + 6x^2 + 12x + 8}\, dx = \int \frac{x^2 + 2x + 3}{(x+2)^3}\, dx$$

$$= \int \left(\frac{1}{x+2} + \frac{-2}{(x+2)^2} + \frac{3}{(x+2)^3} \right) dx$$

$$= \ln|x+2| + \frac{2}{x+2} - \frac{3}{2(x+2)^2} + C$$

$$= \ln|x+2| + \frac{4x+5}{2x^2 + 8x + 8} + C$$

b)

$$\int \frac{2x^2 - x + 3}{x^3 - x^2 + x - 1}\, dx = \int \frac{2x^2 - x + 3}{(x-1)(x^2 + 1)}\, dx$$

$$= \int \left(\frac{2}{x-1} - \frac{1}{x^2 + 1} \right) dx \quad = 2\ln|x-1| - \arctan x + C$$

$$= \ln(x-1)^2 - \arctan x + C$$

c)

$$\int \frac{24}{x^3 + x^2 - 4x - 4}\, dx = \int \frac{24}{(x+1)(x-2)(x+2)}\, dx$$

$$= \int \left(-\frac{8}{x+1} + \cdot \frac{2}{x-2} + \frac{6}{x+2} \right) dx$$

$$= -8\ln|x+1| + 2\ln|x-2| + 6\ln|x+2| + C$$

$$= \ln \frac{(x+2)^6(x-2)^2}{(x+1)^8} + C$$

d)

$$\int \frac{x^2 - 3x + 4}{x^3 - 3x^2 - x + 3} \, dx = \int \frac{x^2 - 3x + 4}{(x+1)(x-1)(x-3)} \, dx$$

$$= \int \left(\frac{1}{x+1} - \frac{1}{2} \cdot \frac{1}{x-1} + \frac{1}{2} \cdot \frac{1}{x-3} \right) dx$$

$$= \ln|x+1| - \frac{1}{2}\ln|x-1| + \frac{1}{2}\ln|x-3| + C$$

$$= \ln \frac{|x+1|\sqrt{|x-3|}}{\sqrt{|x-1|}} + C$$

e)

$$\int \frac{3x^2 - 1}{x^3 + 3x^2 + 3x + 1} \, dx = \int \frac{3x^2 - 1}{(x+1)^3} \, dx$$

$$= \int \left(\frac{3}{x+1} - \frac{6}{(x+1)^2} + \frac{2}{(x+1)^3} \right) dx$$

$$= 3\ln|x+1| + \frac{6}{x+1} - \frac{1}{(x+1)^2} + C$$

$$= 3\ln|x+1| + \frac{6x+5}{(x+1)^2} + C$$

f)

$$\int \frac{3}{x^3 + x^2 + 2x + 2} \, dx = \int \frac{3}{(x+1)(x^2+2)} \, dx = \int \left(\frac{1}{x+1} + \frac{-x+1}{x^2+2} \right) dx$$

$$= \int \left(\frac{1}{x+1} + \frac{-x}{x^2+2} + \frac{1}{x^2+2} \right) dx$$

$$= \ln|x+1| - \frac{1}{2}\ln(x^2+2) + \frac{1}{\sqrt{2}} \arctan \left(\frac{x}{\sqrt{2}} \right) + C$$

$$= \ln \left| \frac{x+1}{\sqrt{x^2+2}} \right| + \frac{1}{\sqrt{2}} \arctan \left(\frac{x}{\sqrt{2}} \right) + C$$

Aufgabe 8.15

Die Integranden sind unecht gebrochenrational und müssen daher zunächst mittels Polynomdivision in Summen bestehend aus einem ganzrationalen und einem echt gebrochenrationalen Ausdruck zerlegt werden. Der echt gebrochenrationale Summand kann anschließend mit Partialbruchzerlegung vereinfacht werden.

a)

$$\int \frac{x^3 - 3x^2 + 7}{x^2 - x - 2} dx = \int \left(x - 2 + \frac{3}{x^2 - x - 2} \right) dx$$

$$= \int \left(x - 2 + \frac{3}{(x+1)(x-2)} \right) dx$$

$$= \int \left(x - 2 - \frac{1}{x+1} + \frac{1}{x-2} \right) dx$$

$$= \frac{1}{2} x^2 - 2x - \ln|x+1| + \ln|x-2| + C$$

$$= \frac{1}{2} x^2 - 2x + \ln \left| \frac{x-2}{x+1} \right| + C$$

b)

$$\int \frac{4x^3 - 9x^2 + 8x - 2}{x^2 - 2x + 1} dx = \int \left(4x - 1 + \frac{2x - 1}{x^2 - 2x + 1} \right) dx$$

$$= \int \left(4x - 1 + \frac{2x - 1}{(x-1)^2} \right) dx$$

$$= \int \left(4x - 1 + \frac{2}{x-1} + \frac{1}{(x-1)^2} \right) dx$$

$$= 2x^2 - x + 2 \ln|x-1| - \frac{1}{x-1} + C$$

c)

$$\int \frac{x^5 - 4x^4 + x^3 + 8x^2 - 5x + 1}{x^2 - 4x + 3} dx = \int \left(x^3 - 2x + \frac{x+1}{x^2 - 4x + 3} \right) dx$$

$$= \int \left(x^3 - 2x + \frac{x+1}{(x-3)(x-1)} \right) dx$$

$$= \int \left(x^3 - 2x + \frac{2}{x-3} - \frac{1}{x-1} \right) dx$$

$$= \frac{1}{4}x^4 - x^2 + 2\ln|x-3| - \ln|x-1| + C$$

$$= \frac{1}{4}x^4 - x^2 + \ln\frac{(x-3)^2}{|x-1|} + C$$

d)

$$\int \frac{x^5 + x^3 + 4x^2 + 2}{x^4 - 1} dx = \int \left(x + \frac{x^3 + 4x^2 + x + 2}{x^4 - 1} \right) dx$$

$$= \int \left(x + \frac{x^3 + 4x^2 + x + 2}{(x-1)(x+1)(x^2+1)} \right) dx$$

$$= \int \left(x + \frac{2}{x-1} - \frac{1}{x+1} + \frac{1}{x^2+1} \right) dx$$

$$= \frac{1}{2}x^2 + 2\ln|x-1| - \ln|x+1| + \arctan x + C$$

$$= \frac{1}{2}x^2 + \ln\left| \frac{(x-1)^2}{x+1} \right| + \arctan x + C$$

Aufgabe 8.16

Alle Integranden können zunächst durch Umformung vereinfacht werden.

a)

$$\int \sin(2x)\cos(x)\, dx = \int \frac{1}{2}(\sin(x) + \sin(3x))\, dx$$

$$= \frac{1}{2}\left(-\cos(x) - \frac{1}{3}\cos(3x) \right) + C$$

$$= -\frac{1}{6}(3\cos(x) + \cos(3x)) + C$$

b)

$$\int \cos(x) \cos\left(\frac{1}{2}x\right) dx = \int \frac{1}{2}\left(\cos\left(\frac{1}{2}x\right) + \cos\left(\frac{3}{2}x\right)\right) dx$$

$$= \frac{1}{2}\left(2\sin\left(\frac{1}{2}x\right) + \frac{2}{3}\sin\left(\frac{3}{2}x\right)\right) + C$$

$$= \sin\left(\frac{1}{2}x\right) + \frac{1}{3}\sin\left(\frac{3}{2}x\right) + C$$

c)

$$u = \sin x, \, dx = \frac{1}{\cos x} du$$

$$\int \cos^3 x \, dx = \int \cos^2 x \cos x \, dx = \int (1 - \sin^2 x) \cos x \, dx$$

$$= \int (1 - u^2) du = u - \frac{1}{3}u^3 + C = \sin x - \frac{1}{3}\sin^3 x + C$$

d)

$$\int \sin^2 x \, dx = \int \frac{1}{2}(1 - \cos(2x)) \, dx = \frac{1}{2}\left(x - \frac{1}{2}\sin(2x)\right) + C$$

$$= \frac{1}{2}x - \frac{1}{4}\sin(2x) + C$$

e)

$$\int \sin^2(2x) \, dx = \int \frac{1}{2}(1 - \cos(4x)) dx$$

$$= \frac{1}{2}\left(x - \frac{1}{4}\sin(4x)\right) + C = \frac{1}{8}(4x - \sin(4x)) + C$$

f)

$$\int \cos^2\left(\frac{\pi}{2}x\right) dx = \int \frac{1}{2}(1 + \cos(\pi x)) dx$$

$$= \frac{1}{2}\left(x + \frac{1}{\pi}\sin(\pi x)\right) + C = \frac{1}{2\pi}(\pi x + \sin(\pi x)) + C$$

Die Aufgaben 8.17 - 8.20 können mithilfe spezieller Substitutionen gelöst werden.

Aufgabe 8.17

a)

$$u = \tan\frac{x}{2}, \sin x = \frac{2u}{1+u^2}, dx = \frac{2}{1+u^2}\, du$$

$$\int \frac{1}{\sin x}\, dx = \int \frac{1}{u}\, du = \ln|u| + C = \ln|\tan\frac{x}{2}| + C$$

b)

$$u = \tan\frac{x}{2}, \cos x = \frac{1-u^2}{1+u^2}, dx = \frac{2}{1+u^2}\, du$$

$$\int \frac{1}{\cos x}\, dx = \int \frac{2}{1-u^2}\, du = -\int \frac{2}{u^2-1}\, du = -\int \frac{2}{(u+1)(u-1)}\, du$$

$$= \int \left(\frac{1}{u+1} - \frac{1}{u-1}\right) du = \ln|u+1| - \ln|u-1| + C$$

$$= \ln\left|\frac{u+1}{u-1}\right| + C = \ln\left|\frac{\tan\frac{x}{2}+1}{\tan\frac{x}{2}-1}\right| + C$$

c)

$$u = \tan\frac{x}{2}, \sin x = \frac{2u}{1+u^2}, \cos x = \frac{1-u^2}{1+u^2}, dx = \frac{2}{1+u^2}\, du$$

$$\int \frac{1+\sin x}{\sin x + \sin x \cos x}\, dx = \frac{1}{2}\int \frac{u^2+2u+1}{u}\, du = \frac{1}{2}\int \left(u+2+\frac{1}{u}\right) du$$

$$= \frac{1}{4}(u^2 + 4u + 2\ln|u|) + C = \frac{1}{4}\left(\tan^2\frac{x}{2} + 4\tan\frac{x}{2} + 2\ln|\tan\frac{x}{2}|\right) + C$$

Aufgabe 8.18

a)

$$u = 2^x, dx = \frac{1}{\ln 2 \cdot u} du$$

$$\int \frac{2^{3x+1}}{1+2^x} dx = \frac{2}{\ln 2} \int \frac{u^2}{u+1} du = \frac{2}{\ln 2} \int \left(u - 1 + \frac{1}{u+1}\right) du$$

$$= \frac{1}{\ln 2} (u^2 - 2u + 2\ln(u+1)) + C$$

$$= \frac{1}{\ln 2} (2^{2x} - 2^{x+1} + \ln(2^x + 1)^2) + C$$

b)

$$u = e^x, dx = \frac{1}{u} du$$

$$\int \frac{e^{4x}}{e^x + 1} dx = \int \frac{u^3}{u+1} du = \int \left(u^2 - u + 1 - \frac{1}{u+1}\right) du$$

$$= \frac{1}{3} u^3 - \frac{1}{2} u^2 + u - \ln|u+1| + C$$

$$= \frac{1}{3} e^{3x} - \frac{1}{2} e^{2x} + e^x - \ln(e^x + 1) + C$$

$$= \frac{2e^{3x} - 3e^{2x} + 6e^x}{6} - \ln(e^x + 1) + C$$

c)

$$u = e^x, dx = \frac{1}{u} du$$

$$\int \frac{e^{3x} + 5e^{2x} + 2e^x}{e^{3x} + e^{2x} - e^x - 1} dx = \int \frac{u^2 + 5u + 2}{u^3 + u^2 - u - 1} du$$

$$= \int \left(\frac{2}{u-1} - \frac{1}{u+1} + \frac{1}{(u+1)^2}\right) du$$

$$= 2\ln|u-1| - \ln|u+1| - \frac{1}{u+1} + C$$

$$= \ln \left| \frac{(u-1)^2}{u+1} \right| - \frac{1}{u+1} + C = \ln \frac{(e^x-1)^2}{e^x+1} - \frac{1}{e^x+1} + C$$

Aufgabe 8.19

a)

$$u = e^x, \sinh x = \frac{u^2-1}{2u}, dx = \frac{1}{u}du$$

$$\int \frac{1}{\sinh x}\, dx = 2 \int \frac{1}{(u+1)(u-1)}\, du = \int \left(-\frac{1}{u+1} + \frac{1}{u-1} \right) du$$

$$= -\ln|u+1| + \ln|u-1| + C = \ln \left| \frac{u-1}{u+1} \right| + C$$

$$= \ln \left| \frac{e^x-1}{e^x+1} \right| + C$$

b)

$$u = e^x, \cosh x = \frac{u^2+1}{2u}, dx = \frac{1}{u}du$$

$$\int \frac{1}{\cosh x + 1}\, dx = 2 \int \frac{1}{(u+1)^2}\, du = -\frac{2}{u+1} + C = -\frac{2}{e^x+1} + C$$

c)

$$1.\, u = e^x,\ \sinh x = \frac{u^2-1}{2u},\ \cosh x = \frac{u^2+1}{2u}, dx = \frac{1}{u}du$$

$$2.\ t = \sqrt{3}u, du = \frac{1}{\sqrt{3}}dt$$

$$\int \frac{1}{\sinh x + 2\cosh x}\, dx = \int \frac{2}{3u^2+1}\, du = 2 \int \frac{1}{\left(\sqrt{3}\,u \right)^2 + 1}\, du$$

$$= \frac{2}{\sqrt{3}} \int \frac{1}{t^2+1}\, dt = \frac{2}{\sqrt{3}} \arctan t + C$$

$$= \frac{2}{\sqrt{3}} \arctan \left(\sqrt{3}\,u \right) + C = \frac{2}{\sqrt{3}} \arctan \left(\sqrt{3}\,e^x \right) + C$$

Aufgabe 8.20

a)

$$x = \sqrt{3}\sin u, u = \arcsin\frac{x}{\sqrt{3}}, \sqrt{3 - x^2} = \sqrt{3}\cos u, dx = \sqrt{3}\cos u \, du$$

$$\int \frac{x^2}{\sqrt{3 - x^2}} dx = \int 3\sin^2 u \, du = \int \frac{3}{2}(1 + \cos(2u)) du$$

$$= \frac{3}{2}\left(u - \frac{1}{2}\sin(2u)\right) + C = \frac{3}{2}(u - \sin u \cos u) + C$$

$$= \frac{3}{2}\arcsin\frac{x}{\sqrt{3}} - \frac{1}{2}x\sqrt{3 - x^2} + C$$

b)

$$x = \sin u, u = \arcsin x, \sqrt{1 - x^2} = \cos u, dx = \cos u \, du$$

$$\int \frac{x^2}{(1 - x^2)\sqrt{1 - x^2}} dx = \int \frac{x^2}{\sqrt{1 - x^2}^3} dx = \int \frac{\sin^2 u}{\cos^2 u} du$$

$$= \int \frac{1 - \cos^2 u}{\cos^2 u} du = \int \left(\frac{1}{\cos^2 u} - 1\right) du$$

$$= \tan u - u + C = \frac{\sin u}{\cos u} - u + C$$

$$= \frac{x}{\sqrt{1 - x^2}} - \arcsin x + C$$

c)

$$u = \sqrt[3]{2x + 1}, x = \frac{u^3 - 1}{2}, dx = \frac{3}{2}u^2 du$$

$$\int \frac{x^2}{\sqrt[3]{2x + 1}} dx = \frac{3}{8}\int (u^7 - 2u^4 + u) du = \frac{3}{8}\left(\frac{1}{8}u^8 - \frac{2}{5}u^5 + \frac{1}{2}u^2\right) + C$$

$$= \frac{3}{64}\sqrt[3]{(2x + 1)^8} - \frac{3}{20}\sqrt[3]{(2x + 1)^5} + \frac{3}{16}\sqrt[3]{(2x + 1)^2} + C$$

$$= \frac{(60x^2 - 36x + 27)\sqrt[3]{(2x + 1)^2}}{320} + C$$

Bestimmte Integrale

Aufgabe 8.21

a)

$$\int_{-2}^{2} (4x^3 - 3x^2 + 2)dx = [x^4 - x^3 + 2x]_{-2}^{2} = -8$$

b)

$$\int_{0}^{1} xe^x \, dx = \left[xe^x - \int e^x dx\right]_0^1 = [xe^x - e^x]_0^1 = 1$$

c)

$$\int_{e}^{e^2} \frac{1}{x \ln x} \, dx = \int_{e}^{e^2} \frac{\frac{1}{x}}{\ln x} \, dx = [\ln|\ln x|]_e^{e^2} = \ln 2$$

d)

$$u = x^2 - 1, dx = \frac{1}{2x}du, u(1) = 0, u(2) = 3$$

$$\int_{1}^{2} x\sqrt{x^2 - 1} \, dx = \int_{0}^{3} \frac{1}{2}\sqrt{u} \, du = \left[\frac{1}{3}\sqrt{u^3}\right]_0^3 = \sqrt{3}$$

e)

$$\int_{\frac{\pi}{2}}^{2\pi} x \cos(2x) \, dx = \left[\frac{1}{2}x \sin(2x) - \int \frac{1}{2}\sin(2x) \, dx\right]_{\frac{\pi}{2}}^{2\pi}$$

$$= \left[\frac{1}{2}x \sin(2x) + \frac{1}{4}\cos(2x)\right]_{\frac{\pi}{2}}^{2\pi} = \frac{1}{2}$$

f)

$$\int_{0}^{\pi} \frac{\sin x}{\cos x + 2} \, dx = [-\ln|\cos x + 2|]_0^{\pi} = \ln 3$$

Aufgabe 8.22

a)

Zweimalige partielle Integration

$$\int_0^{2\pi} x^2 \cos(nx)\ dx = \left[\frac{1}{n}x^2 \sin(nx) - \frac{2}{n}\int x \sin(nx)\ dx\right]_0^{2\pi}$$

$$= \left[\frac{1}{n}x^2 \sin(nx) + \frac{2}{n^2}x \cos(nx) - \frac{2}{n^3}\sin(nx)\right]_0^{2\pi}$$

$$= \frac{4\pi}{n^2}\cos(2n\pi) = \frac{4\pi}{n^2}$$

b)

Substitution $u = \dfrac{n\pi}{2}$

$$-\frac{1}{2}\int_0^2 \sin\left(n\frac{\pi}{2}t\right) dt = -\frac{1}{n\pi}\int_0^{n\pi} \sin u\ du = \frac{1}{n\pi}[\cos u]_0^{n\pi}$$

$$= \frac{\cos(n\pi) - 1}{n\pi} = \begin{cases} 0, & n \text{ gerade} \\ -\dfrac{2}{n\pi}, & n \text{ ungerade} \end{cases}$$

c)

$$\frac{1}{\pi}\int_{-t_0}^{t_0} \cos(\omega t)\ dt = \frac{1}{\pi\omega}[\sin(\omega t)]_{-t_0}^{t_0} = \frac{2\sin(\omega t_0)}{\pi\omega}$$

Aufgabe 8.23

$$\int_{-2}^4 f(x)dx = \int_{-2}^0 1 dx + \int_0^4 x\ dx = x\big|_{-2}^0 + \frac{1}{2}x^2\Big|_0^4 = 10$$

Aufgabe 8.24

$$\int_{-1}^{3} f(x)dx = \int_{-1}^{0} (x+1)\, dx + \int_{0}^{1} (-x+1)\, dx + \int_{1}^{3} 0\, dx$$

$$= \left[\frac{1}{2}x^2 + x\right]_{-1}^{0} + \left[-\frac{1}{2}x^2 + x\right]_{0}^{1} = 1$$

Aufgabe 8.25

a)

$$\int_{0}^{3} f(x)dx = \int_{0}^{2} x\, dx + \int_{2}^{3} 2\, dx = \left[\frac{1}{2}x^2\right]_{0}^{2} + [2x]_{2}^{3} = 4$$

b)

$$\int_{0}^{3} f^2(x)dx = \int_{0}^{2} x^2\, dx + \int_{2}^{3} 4\, dx = \left[\frac{1}{3}x^3\right]_{0}^{2} + [4x]_{2}^{3} = \frac{20}{3}$$

Uneigentliche Integrale

Aufgabe 8.26

a)

$$\int_{2}^{\infty} \frac{1}{x^3}\, dx = \lim_{b\to\infty} \int_{2}^{b} \frac{1}{x^3}\, dx = \lim_{b\to\infty}\left[-\frac{1}{2}\frac{1}{x^2}\right]_{2}^{b} = \lim_{b\to\infty}\left[-\frac{1}{2}\cdot\frac{1}{b^2} + \frac{1}{2}\cdot\frac{1}{4}\right] = \frac{1}{8}$$

b)

$$\int_{0}^{\infty} 2e^{-x}dx = \lim_{b\to\infty} 2\int_{0}^{b} e^{-x}dx = 2\cdot\lim_{b\to\infty}\left[-\frac{1}{e^x}\right]_{0}^{b} = 2\cdot\lim_{b\to\infty}\left[-\frac{1}{e^b} + e^0\right] = 2$$

c)

$$\int_0^\infty \frac{1}{e^{2x}}\,dx = \lim_{b\to\infty}\int_0^b \frac{1}{e^{2x}}\,dx = \lim_{b\to\infty}\left[-\frac{1}{2}\frac{1}{e^{2x}}\right]_0^b = \lim_{b\to\infty}\left[-\frac{1}{2}\frac{1}{e^{2b}}+\frac{1}{2}\frac{1}{e^0}\right] = \frac{1}{2}$$

d)

$$\int_0^\infty \frac{x}{1+x^4}\,dx = \lim_{b\to\infty}\int_0^b \frac{x}{1+x^4}\,dx = \lim_{b\to\infty}\left[\frac{1}{2}\arctan x^2\right]_0^b$$

$$= \lim_{b\to\infty}\left(\frac{1}{2}\arctan b^2 - \frac{1}{2}\arctan 0\right) = \lim_{b\to\infty}\left(\frac{1}{2}\arctan b^2\right) = \frac{\pi}{4}$$

e)

$$\int_{-\infty}^{-1} \frac{1}{x^2}\,dx = \lim_{a\to-\infty}\left(-\frac{1}{x}\right)_a^{-1} = \lim_{a\to-\infty}\left(1+\frac{1}{a}\right) = 1$$

f)

$$\int_{-\infty}^{2} \frac{2}{(x-3)^2}\,dx = \lim_{a\to-\infty}\left[-\frac{2}{x-3}\right]_a^2 = \lim_{a\to-\infty}\left(2+\frac{2}{a-3}\right) = 2$$

Aufgabe 8.27

a)

$$\int_{-\infty}^{+\infty} f(x)\,dx = \int_{-\infty}^{-2} 0\,dx + \int_{-2}^{-1} 1\,dx + \int_{-1}^{1} 2\,dx + \int_{1}^{2} 1\,dx + \int_{2}^{+\infty} 0\,dx = 6$$

b)

$$\int_{-\infty}^{\infty} f(x)\,dx = \int_{-\infty}^{-1} 0\,dx + \int_{-1}^{0}(1+x)\,dx + \int_{0}^{1}(1-x)\,dx + \int_{1}^{\infty} 0\,dx = 1$$

c)

$$\int_{-\infty}^{\infty} f(x)\,dx = \int_{-\infty}^{-1} 0\,dx + \int_{-1}^{1} e^{-2x}\,dx + \int_{1}^{\infty} 0\,dx = \left[-\frac{1}{2}e^{-2x}\right]_{-1}^{1} = \frac{e^4-1}{2e^2}$$

d)

$$\int_{-\infty}^{\infty} f(x)dx = \int_{-\infty}^{0} 0 \, dx + \int_{0}^{\infty} e^{-2x} \, dx = \lim_{b \to \infty} \left[-\frac{1}{2}e^{-2x}\right]_{0}^{b} = \frac{1}{2}$$

e)

$$\int_{-\infty}^{\infty} f(x)dx = \int_{-\infty}^{0} e^{x} \, dx + \int_{0}^{\infty} e^{-x} \, dx = \lim_{a \to -\infty} [e^{x}]_{a}^{0} + \lim_{b \to \infty} [e^{-x}]_{0}^{b} = 2$$

Flächenberechnung

Aufgabe 8.28

a)

$$f(x) = x^2 - 2x - 3 = (x+1)(x-3)$$

Nullstellen: $x_{01} = -1, x_{02} = 3$

$$A = \left| \int_{-1}^{3} (x^2 - 2x - 3)dx \right| = \left| \left[\frac{1}{3}x^3 - x^2 - 3x\right]_{-1}^{3} \right| = \frac{32}{3} \text{ (FE)}$$

b)

$$f(x) = x^3 - 4x = x(x+2)(x-2)$$

Nullstellen: $x_{01} = -2, x_{02} = 0, x_{03} = 2$

$$A = \left| \int_{-2}^{0} (x^3 - 4x)dx \right| + \left| \int_{0}^{2} (x^3 - 4x)dx \right|$$

$$= \left| \left[\frac{1}{4}x^4 - 2x^2\right]_{-2}^{0} \right| + \left| \left[\frac{1}{4}x^4 - 2x^2\right]_{0}^{2} \right| = 4 + 4 = 8 \text{ (FE)}$$

c)

$$f(x) = x^3 - x^2 - 4x + 4 = (x - 1)(x + 2)(x - 2)$$

Nullstellen: $x_{01} = -2, x_{02} = 1, x_{03} = 2$

$$A = |\int_{-2}^{1} (x^3 - x^2 - 4x + 4)dx| + |\int_{1}^{2} (x^3 - x^2 - 4x + 4)dx|$$

$$= |\left[\frac{1}{4}x^4 - \frac{1}{3}x^3 - 2x^2 + 4x\right]_{-2}^{1}| + |\left[\frac{1}{4}x^4 - \frac{1}{3}x^3 - 2x^2 + 4x\right]_{1}^{2}|$$

$$= \frac{45}{4} + \frac{7}{12} = \frac{71}{6} \text{ (FE)}$$

Aufgabe 8.29

a)

keine Nullstellen auf dem angegebenen Intervall

$$A = \int_{0}^{4} \sqrt{2x + 1}\, dx = \left[\frac{1}{3}\sqrt{(2x + 1)^3}\right]_{0}^{4} = \frac{26}{3} \text{ (FE)}$$

b)

keine Nullstellen auf dem angegebenen Intervall

$$A = \int_{e}^{e^2} \frac{1}{x}dx = [\ln x]_{e}^{e^2} = 1 \text{ (FE)}$$

c)

Im Intervall $[-2, 2]$ liegende Nullstelle: $x_0 = 1$

$$A = |\int_{-2}^{1} (x^3 - 1)dx| + \int_{1}^{2} (x^3 - 1)dx$$

$$= |\left[\frac{1}{4}x^4 - x\right]_{-2}^{1}| + \left[\frac{1}{4}x^4 - x\right]_{1}^{2} = \frac{19}{2} \text{ (FE)}$$

Aufgabe 8.30

a)

Schnittstellen: $x_{s1} = -2$, $x_{s2} = 4$

$$A = \left| \int_{-2}^{4} (f(x) - g(x))dx \right| = \left| \int_{-2}^{4} \left(\frac{1}{2}x^2 - x - 4 \right) dx \right|$$

$$= \left| \left[\frac{1}{6}x^3 - \frac{1}{2}x^2 - 4x \right]_{-2}^{4} \right| = |-18| = 18 \ (FE)$$

b)

Schnittstellen: $x_{s1} = -2$, $x_{s2} = 0$, $x_{s3} = 2$

$$A = \int_{-2}^{0} (f(x) - g(x))dx + \left| \int_{0}^{2} (f(x) - g(x))dx \right|$$

$$= \int_{-2}^{0} (x^3 - 4x)dx + \left| \int_{0}^{2} (x^3 - 4x)dx \right| = \left[\frac{1}{4}x^4 - 2x^2 \right]_{-2}^{0} + \left| \left[\frac{1}{4}x^4 - 2x^2 \right]_{0}^{2} \right|$$

$$= 4 + |-4| = 8 \ (FE)$$

c)

Schnittstellen: $x_{s1} = 0$, $x_{s2} = 3$

$$A = \int_{0}^{3} (f(x) - g(x))dx = \int_{0}^{3} (-x^3 + 3x^2)dx = \left[-\frac{1}{4}x^4 + x^3 \right]_{0}^{3} = \frac{27}{4} \ (FE)$$

d)

Schnittstellen: $x_{s1} = -1$, $x_{s2} = 0$, $x_{s3} = 3$

$$A = \int_{-1}^{0} (f(x) - g(x))dx + \left| \int_{0}^{3} (f(x) - g(x))dx \right|$$

$$= \int_{-1}^{0} (x^3 - 2x^2 - 3x)dx + \left| \int_{0}^{3} (x^3 - 2x^2 - 3x)dx \right|$$

$$= \left[\frac{1}{4}x^4 - \frac{2}{3}x^3 - \frac{3}{2}x^2\right]_{-1}^0 + \left|\left[\frac{1}{4}x^4 - \frac{2}{3}x^3 - \frac{3}{2}x^2\right]_0^3\right|$$

$$= \frac{7}{12} + \left|-\frac{135}{12}\right| = \frac{71}{6} \ (FE)$$

Aufgabe 8.31

a)

Im Intervall liegende Schnittstelle: $x_S = 0$

$$A = \left|\int_{-1}^0 (e^x - 1)dx\right| + \int_0^1 (e^x - 1)dx = \left|\,[e^x - x]_{-1}^0\,\right| + [e^x - x]_0^1$$

$$= \left|-\frac{1}{e}\right| + e - 2 = \frac{(e-1)^2}{e} \ (FE)$$

b)

Im Intervall liegende Schnittstellen: $x_{S1} = -1, x_{S2} = 2$

$$A = \left|\int_{-1}^2 (-x^3 + 3x^2 - 4)dx\right| + \left|\int_2^3 (-x^3 + 3x^2 - 4)dx\right|$$

$$= \left|\left[-\frac{1}{4}x^4 + x^3 - 4x\right]_{-1}^2\right| + \left|\left[-\frac{1}{4}x^4 + x^3 - 4x\right]_2^3\right|$$

$$= \left|-\frac{27}{4}\right| + \left|-\frac{5}{4}\right| = 8 \ (FE)$$

Gemischte Aufgaben

Aufgabe 8.32

a)
$$\int \frac{1}{x+2}\, dx = \ln|x+2| + C$$

b)
$$\int \frac{1}{2-x}\, dx = -\int \frac{-1}{2-x}\, dx = -\ln|2-x| + C$$

c)
$$\int \frac{1}{(x-1)^2}\, dx = -\frac{1}{x-1} + C$$

d)
$$\int \frac{1}{(x+4)^3}\, dx = \int (x+4)^{-3}\, dx = -\frac{1}{2}(x+4)^{-2} + C = -\frac{1}{2(x+4)^2} + C$$

e)
$$\int \frac{3}{x^2+1}\, dx = 3\int \frac{1}{x^2+1}\, dx = 3\arctan x + C$$

f)

Substitution $u = \frac{1}{2}x$

$$\int \frac{1}{x^2+4}\, dx = \frac{1}{4}\int \frac{1}{\left(\frac{1}{2}x\right)^2+1}\, dx = \frac{1}{2}\int \frac{1}{u^2+1}\, du$$

$$= \frac{1}{2}\arctan u + C = \frac{1}{2}\arctan\left(\frac{1}{2}x\right) + C$$

g)
$$\int \frac{x}{x^2+3}\, dx = \frac{1}{2}\int \frac{2x}{x^2+3}\, dx = \frac{1}{2}\ln(x^2+3) + C$$

h)
$$\int \frac{x-1}{x^2+1}\,dx = \int \frac{x}{x^2+1}\,dx - \int \frac{1}{x^2+1}\,dx$$
$$= \frac{1}{2}\int \frac{2x}{x^2+1}\,dx - \int \frac{1}{x^2+1}\,dx$$
$$= \frac{1}{2}\ln(x^2+1) - \arctan x + C$$

i)
$$\int \frac{4x+3}{x^2+1}\,dx = 2\int \frac{2x}{x^2+1}\,dx + 3\int \frac{1}{x^2+1}\,dx$$
$$= 2\ln(x^2+1) + 3\arctan x + C$$

Aufgabe 8.33

a)
$$-\frac{\ln x + 1}{x} + C$$

b)
$$\frac{1}{9}(x^4+x)^9 + C$$

c)
$$\frac{2}{3}\ln|x+1| + \frac{1}{3}\ln|x-2| + C$$

d)
$$\ln\left|\frac{x-2}{x+1}\right| - \frac{2}{x+1} + C$$

e)
$$2x^4 - 8\sqrt[4]{x^3} + C$$

f)
$$\left(\frac{1}{2}x^2 - 1\right)\sin x + x\cos x + C$$

g)
$$2\sin(x^4 - x) + C$$

h)
$$\ln|(x-4)^3(x+1)^2| - \frac{1}{x-4} + C$$

i)
$$-\ln|\cos x| + C$$

j)
$$\frac{1}{8}x^4 - 2\sqrt[4]{x^3} + C$$

k)
$$(x^2-3)\sin x + 2x\cos x + C$$

l)
$$\frac{4}{3}\sqrt{(x^2-x)^3} + C$$

m)
$$e^{x+K}(x+K-1) + C$$

n)
$$\frac{1}{n+1}x^{n+1}\left(\ln x - \frac{1}{n+1}\right) + C$$

o)
$$\frac{T}{\pi}\sin\left(n\frac{2\pi}{T}x\right) + C$$

p)
0

q)
$$\frac{1}{4}$$

r)
-2

s)
1

t)
1

u)
$\ln 2$

v)
0

w)
$\ln 2$

x)
$$\frac{1}{3}$$

y)
1

z)
$$\frac{1}{2}$$

Aufgabe 8.34

Einsetzen der Zusatzbedingung in das unbestimmte Integral liefert die entsprechende Integrationskonstante der gesuchten Stammfunktion.

a)
$$\int \frac{1}{x^2}dx = -\frac{1}{x} + C$$
$$F(x) = -\frac{1}{x} + \frac{4}{3}$$

d)
$$\int \frac{1}{2}xe^x dx = \frac{1}{2}e^x(x-1) + C$$
$$F(x) = \frac{1}{2}e^x(x-1) + \frac{3}{2}$$

b)
$$\int 3\sqrt{x}dx = 2\sqrt{x^3} + C$$
$$F(x) = 2\sqrt{x^3} - 1$$

e)
$$\int 4xe^{x^2+1}dx = 2e^{x^2+1} + C$$
$$F(x) = 2e\left(e^{x^2} - 1\right)$$

c)
$$\int \frac{1}{\sqrt[4]{x}}dx = \frac{4}{3}\sqrt[4]{x^3} + C$$
$$F(x) = \frac{4}{3}\sqrt[4]{x^3} - \frac{4}{3}$$

f)
$$\int \frac{1}{(2x+1)^2}dx = -\frac{1}{4x+2} + C$$
$$F(x) = -\frac{1}{4x+2} + \frac{1}{2}$$

Aufgabe 8.35

Ermittlung der Geradengleichung mithilfe des y-Achsenabschnitts und dem Punkt P liefert:

$$y = \frac{3}{8}x + \frac{1}{2}$$

Der gesuchte Flächeninhalt ist somit

$$A = \int_0^2 \left(\frac{3}{8}x + \frac{1}{2}\right) dx = \left[\frac{3}{16}x^2 + \frac{1}{2}x\right]_0^2 = \frac{7}{4} \ (FE)$$

Aufgabe 8.36

Ermittlung der Geradengleichung mithilfe des y-Achsenabschnitts und dem Punkt P liefert:

$$y = \frac{1}{2}x + 1.$$

Der gesuchte Flächeninhalt ist somit

$$A = \int_0^4 \left(\frac{1}{2}x + 1\right) dx = \left(\frac{1}{4}x^2 + x\right)\Big|_0^4 = 8 \ (FE)$$

9. Gewöhnliche Differentialgleichungen

Aufgabe 9.1

Es können die Ableitungen der möglichen Lösung y gebildet und in die Differentialgleichung eingesetzt werden. Wird die Gleichung von der Funktion y und deren Ableitungen erfüllt, ist y eine Lösung. Wird sie nicht davon erfüllt, ist y keine Lösung.

a)

$y = 2x^2 + x$ ist eine Lösung

b)

$y = \sqrt{x}$ ist keine Lösung

c)

$y = \sin(2x)$ ist eine Lösung

d)

$y = e^x$ ist keine Lösung

e)

$y = \ln x + \dfrac{1}{x}$ ist eine Lösung

f)

$y = e^{-x} + \dfrac{1}{2}(\cos x + \sin x)$

ist eine Lösung

Aufgabe 9.2

a)

$$y'' = 0$$
$$y' = C_1$$
$$y = C_1 x + C_2$$

b)

$$y'' = x$$
$$y' = \frac{1}{2}x^2 + C_1$$
$$y = \frac{1}{6}x^3 + C_1 x + C_2$$

c)

$$y'' = 2e^{2x}$$
$$y' = e^{2x} + C_1$$
$$y = \frac{1}{2}e^{2x} + C_1 x + C_2$$

d)

$$y'' = -\cos x$$
$$y' = -\sin x + C_1$$
$$y = \cos x + C_1 x + C_2$$

e)

$$y'' = e^x$$
$$y' = e^x + C_1$$
$$y = e^x + C_1 x + C_2$$

f)

$$y''' = 1 \quad y'' = x + C_1$$
$$y' = \frac{1}{2}x^2 + C_1 x + C_2$$
$$y = \frac{1}{6}x^3 + \frac{1}{2}C_1 x^2 + C_2 x + C_3$$

Separable Differentialgleichungen

Alle Differentialgleichungen in den Aufgaben 9.3 bis 9.5 können durch Trennung der Variablen gelöst werden.

Aufgabe 9.3

a)
$$y = \pm \sqrt{\frac{2}{3}x^3 + 2C}$$

b)
$$y = \sqrt[3]{3\ln|x| + 3C}$$

c)
$$y = \pm\sqrt{2e^x + 2C}$$

d)
$$y = Ce^{\cos x} + 1$$

e)
$$y = \sqrt[3]{\frac{3}{2}x^2 + 3C}$$

f)
$$y = -\frac{1}{\sqrt{x} + C}$$

Aufgabe 9.4

a)

Allgemeine Lösung : $y = \pm \sqrt[4]{\frac{4}{3}x^3 + 4C}$

Spezielle Lösung: $y = \sqrt[4]{\frac{4}{3}x^3 + 1}$

b)

Allgemeine Lösung: $y = \pm\sqrt{\ln(x^2) + 2C}$

Spezielle Lösung: $y = -\sqrt{\ln(x^2) + 4}$

c)

Allgemeine Lösung: $y = \frac{C}{x}$

Spezielle Lösung: $y = \frac{1}{x}$

d)

Allgemeine Lösung: $y = \sqrt[3]{3 \sin x + 3C}$

Spezielle Lösung: $y = \sqrt[3]{3 \sin x + 8}$

e)

Allgemeine Lösung: $y = \pm\sqrt{2 \sin x + 2C}$

Spezielle Lösung: $y_p = \sqrt{2 \sin x + 4}$

f)

Allgemeine Lösung: $y = C \sin x - 1$

Spezielle Lösung: $y = 2 \sin x - 1$

Aufgabe 9.5

Die Gleichungen müssen zunächst durch Substitution in die Form einer separablen Differentialgleichung gebracht werden.

a)

$y' = (x + y - 4)^2$, Substitution: $u = x + y - 4$, $y = \tan(x + C) - x + 4$

b)

$y' = y + x - 1$, Substitution: $u = y + x - 1$, $y = Ce^x - x$

c)

$y' = \dfrac{y}{x} + \dfrac{x}{y}$, Substitution: $u = \dfrac{y}{x}$, $y = \pm x\sqrt{\ln(x^2) + 2C}$

d)

$y' = \dfrac{y}{x} - \dfrac{1}{\sin\frac{y}{x}}$, Substitution: $u = \dfrac{y}{x}$, $y = x \arccos(\ln|x| + C)$

e)

$y' = \dfrac{y}{x} + 2$, Substitution: $u = \dfrac{y}{x}$, $y = 2x(\ln|x| + C)$

f)

$$y' = (x + y)^2, \text{Substitution: } u = x + y, y = \tan(x + C) - x$$

Variation der Konstanten

Die Gleichungen der Aufgaben 9.6 bis 9.7 können durch Variation der Konstanten gelöst werden.

Aufgabe 9.6

a)

$$y = Ce^{-2x} + 2x - 1$$

c)

$$y = e^{-x^2}\left(C + \frac{1}{2}x^2\right)$$

b)

$$y = \frac{1}{4}x^5 + Cx$$

d)

$$y = e^x\left(\ln|x| + \frac{1}{2}x^2\right) + Ce^x$$

Aufgabe 9.7

a)

$$y = Ce^{\frac{1}{2}x^2} - x^2 - 2$$

$$y_P = 3e^{\frac{1}{2}x^2} - x^2 - 2$$

b)

$$y = (x + C)e^{\cos x}$$

$$y_P = (x + 1)e^{\cos x}$$

Lineare Differentialgleichungen mit konstanten Koeffizienten

Aufgabe 9.8

a)

Charakteristisches Polynom: $P(z) = z^2 + z - 2$

Nullstellen: $z_1 = 1$ und $z_2 = -2$ (beide 1-fach)

Fundamentalsystem: $\{e^x, e^{-2x}\}$

Allgemeine Lösung: $y = C_1 e^x + C_2 e^{-2x}$

b)

Charakteristisches Polynom: $P(z) = 2z^2 + z - 1$

Nullstellen: $z_1 = -1$ und $z_2 = \dfrac{1}{2}$ (beide 1-fach)

Fundamentalsystem: $\{e^{-x}, e^{\frac{1}{2}x}\}$

Allgemeine Lösung: $y = C_1 e^{-x} + C_2 e^{\frac{1}{2}x}$

c)

Charakteristisches Polynom: $P(z) = z^2 - 9$

Nullstellen: $z_1 = 3$ (1-fach) und $z_2 = -3$ (1-fach)

Fundamentalsystem: $\{e^{3x}, e^{-3x}\}$

Allgemeine Lösung: $y = C_1 e^{3x} + C_2 e^{-3x}$

d)

Charakteristisches Polynom: $P(z) = z^3 + z^2$

Nullstellen: $z_1 = 0$ (2-fach) und $z_2 = -1$ (1-fach)

Fundamentalsystem: $\{1, x, e^{-x}\}$

Allgemeine Lösung: $y = C_1 + C_2 x + C_3 e^{-x}$

e)

Charakteristisches Polynom: $P(z) = z^3 - 4z^2 + 4z$

Nullstellen: $z_1 = 0$ (1-fach) und $z_2 = 2$ (2-fach)

Fundamentalsystem: $\{1, e^{2x}, x e^{2x}\}$

Allgemeine Lösung: $y = C_1 + C_2 e^{2x} + C_3 x e^{2x}$

f)

Charakteristisches Polynom: $P(z) = z^4 - 6z^3 + 9z^2$

Nullstellen: $z_1 = 0$ (2-fach) und $z_2 = 3$ (2-fach)

Fundamentalsystem: $\{1, x, e^{3x}, x e^{3x}\}$

Allgemeine Lösung: $y = C_1 + C_2 x + C_3 e^{3x} + C_4 x e^{3x}$

Aufgabe 9.9

Bei der Bestimmung einer partikulären Lösung kommen bei allen Gleichungen ausschließlich Normalfälle vor.

a)

$$y'' - 4y' + 4y = 1$$

$$P(z) = z^2 - 4z + 4 = (z-2)^2$$

Fundamentalsystem: $\{e^{2x}, xe^{2x}\}$, $y_h = C_1 e^{2x} + C_2 x e^{2x}$

Ansatz für Polynom 0. Grades und Normalfall: $y_p = A$

$$y_p = \frac{1}{4}$$

$$y = C_1 e^{2x} + C_2 x e^{2x} + \frac{1}{4}$$

b)

$$y'' + 4y' - 5y = 1$$

$$P(z) = z^2 + 4z - 5 = (z-1)(z+5)$$

Fundamentalsystem: $\{e^x, e^{-5x}\}$, $y_h = C_1 e^x + C_2 e^{-5x}$

Ansatz für Polynom 0. Grades und NF [5]: $y_p = A$

$$y_p = -\frac{1}{5}$$

$$y = C_1 e^x + C_2 e^{-5x} - \frac{1}{5}$$

c)

$$y'' - 4y' + 3y = x$$

$$P(z) = z^2 - 4z + 3 = (z-1)(z-3)$$

Fundamentalsystem: $\{e^x, e^{3x}\}$, $y_h = C_1 e^x + C_2 e^{3x}$

Ansatz für Polynom 1. Grades und NF: $y_p = Ax + B$

$$y_p = \frac{1}{3}x + \frac{4}{9}$$

$$y = C_1 e^x + C_2 e^{3x} + \frac{1}{3}x + \frac{4}{9}$$

---

[5] NF: Normalfall

d)

$y'' - 4y = 8x^3$

$P(z) = z^2 - 4 = (z + 2)(z - 2)$

Fundamentalsystem: $\{e^{-2x}, e^{2x}\}$, $y_h = C_1 e^{-2x} + C_2 e^{2x}$

Ansatz für Polynom 3. Grades und NF $y_p = Ax^3 + Bx^2 + Cx + D$

$y_p = -2x^3 - 3x$

$y = C_1 e^{-2x} + C_2 e^{2x} - 2x^3 - 3x$

e)

$y'' + 2y' = e^{2x}$

$P(z) = z^2 + 2z = z(z + 2)$

Fundamentalsystem: $\{1, e^{-2x}\}$, $y_h = C_1 + C_2 e^{-2x}$

Ansatz (NF): $y_p = Ae^{2x}$

$y_p = \frac{1}{8} e^{2x}$

$y = C_1 + C_2 e^{-2x} + \frac{1}{8} e^{2x}$

f)

$y'' + y' - 2y = \sin x$

$P(z) = z^2 + z - 2 = (z - 1)(z + 2)$

Fundamentalsystem: $\{e^x, e^{-2x}\}$, $y_h = C_1 e^x + C_2 e^{-2x}$

Ansatz (NF): $y_p = A \cos x + B \sin x$

$y_p = -\frac{\cos x + 3 \sin x}{10}$

$y = C_1 e^x + C_2 e^{-2x} - \frac{\cos x + 3 \sin x}{10}$

Aufgabe 9.10

Bei der Bestimmung einer partikulären Lösung kommen bei allen Gleichungen ausschließlich Resonanzfälle vor.

a)

$$y'' - 2y' = x^2 - x$$

$$P(z) = z^2 - 2z = z(z - 2)$$

Fundamentalsystem: $\{1, e^{2x}\}$, $\quad y_h = C_1 + C_2 e^{2x}$

Ansatz für Polynom 2. Grades und Resonanzfall: $y_p = Ax^3 + Bx^2 + Cx$

$$y_p = -\frac{1}{6} x^3$$

$$y = C_1 + C_2 e^{2x} - \frac{1}{6} x^3$$

b)

$$y'' + 2y' = x + 1$$

$$P(z) = z^2 + 2z = z(z + 2)$$

Fundamentalsystem: $\{1, e^{-2x}\}$, $\quad y_h = C_1 + C_2 e^{-2x}$

Ansatz für Polynom 1. Grades und RF[6]: $y_p = Ax^2 + Bx$

$$y_p = \frac{1}{4} x^2 + \frac{1}{4} x$$

$$y = C_1 + C_2 e^{-2x} + \frac{1}{4} x^2 + \frac{1}{4} x$$

c)

$$y'' + 2y' = 3x^2$$

$$P(z) = z^2 + 2z = z(z + 2)$$

Fundamentalsystem: $\{1, e^{-2x}\}$, $\quad y_h = C_1 + C_2 e^{-2x}$

Ansatz für Polynom 2. Grades und RF: $y_p = Ax^3 + Bx^2 + Cx$

$$y_p = \frac{1}{2} x^3 - \frac{3}{4} x^2 + \frac{3}{4} x$$

$$y = C_1 + C_2 e^{-2x} + \frac{1}{2} x^3 - \frac{3}{4} x^2 + \frac{3}{4} x$$

---

[6] RF: Resonanzfall

d)

$$y'' + y' - 2y = e^x$$

$$P(z) = z^2 + z - 2 = (x - 1)(x + 2)$$

Fundamentalsystem: $\{e^x, e^{-2x}\}$, $y_h = C_1 e^x + C_2 e^{-2x}$

Ansatz (RF): $y_p = Axe^x$

$$y_p = \frac{1}{3}xe^x$$

$$y = C_1 e^x + C_2 e^{-2x} + \frac{1}{3}xe^x$$

e)

$$y'' - 9y = e^{3x}$$

$$P(z) = z^2 - 9 = (z - 3)(z + 3)$$

Fundamentalsystem: $\{e^{3x}, e^{-3x}\}$, $y_h = C_1 e^{3x} + C_2 e^{-3x}$

Ansatz (RF): $y_p = Axe^{3x}$

$$y_p = \frac{1}{4}xe^{3x}$$

$$y = C_1 e^{3x} + C_2 e^{-3x} + \frac{1}{4}xe^{3x}$$

f)

$$y'' - 4y' + 4y = e^{2x}$$

$$P(z) = z^2 - 4z + 4 = (z - 2)^2$$

Fundamentalsystem: $\{e^{2x}, xe^{2x}\}$, $y_h = C_1 e^{2x} + C_2 xe^{2x}$

Ansatz (RF): $y_p = Ax^2 e^{2x}$

$$y_p = \frac{1}{2}x^2 e^{2x}$$

$$y = C_1 e^{2x} + C_2 xe^{2x} + \frac{1}{2}x^2 e^{2x}$$

Aufgabe 9.11

a)

$y'' + 5y' + 4y = x^2 e^x$

Charakteristisches Polynom: $P(z) = z^2 + 5z + 4 = (z+1)(z+4)$

Fundamentalsystem: $\{e^{-x}, e^{-4x}\}$

$y_h = C_1 e^{-x} + C_2 e^{-4x}$

Ansatz (NF): $y_p = (Ax^2 + Bx + C)e^x$

$y_p = \left(\frac{1}{10}x^2 - \frac{7}{50}x + \frac{39}{500}\right)e^x$

$y = C_1 e^{-x} + C_2 e^{-4x} + \left(\frac{1}{10}x^2 - \frac{7}{50}x + \frac{39}{500}\right)e^x$

b)

$y'' - 3y' + 2y = e^{3x}(x^2 + x)$

Charakteristisches Polynom: $P(z) = z^2 - 3z + 2 = (z-1)(z-2)$

Fundamentalsystem: $\{e^x, e^{2x}\}$

$y_h = C_1 e^x + C_2 e^{2x}$

Ansatz (NF): $y_p = (Ax^2 + Bx + C)e^{3x}$

$y_p = \left(\frac{1}{2}x^2 - x + 1\right)e^{3x}$

$y = C_1 e^x + C_2 e^{2x} + \left(\frac{1}{2}x^2 - x + 1\right)e^{3x}$

c)

$y'' + 2y' - 3y = x \sin x$

Charakteristisches Polynom: $P(z) = z^2 + 2z - 3 = (z-1)(z+3)$

Fundamentalsystem: $\{e^x, e^{-3x}\}$

$y_h = C_1 e^x + C_2 e^{-3x}$

Ansatz (NF): $y_p = (Ax + B)\cos x + (Cx + D)\sin x$

$y_p = \frac{(1 - 10x)\sin x - (5x + 7)\cos x}{50}$

$y = C_1 e^x + C_2 e^{-3x} + \frac{(1 - 10x)\sin x - (5x + 7)\cos x}{50}$

d)

$y'' - 2y' + y = e^x - x$

Charakteristisches Polynom: $P(z) = z^2 - 2z + 1 = (z-1)^2$

Fundamentalsystem: $\{e^x, xe^x\}$

$y_h = C_1 e^x + C_2 x e^x$

Ansatz (RF + NF): $y_p = Ax^2 e^x + Bx + C$

$y_p = \frac{1}{2} x^2 e^x - x - 2$

$y = C_1 e^x + C_2 x e^x + \frac{1}{2} x^2 e^x - x - 2$

e)

$y'' - y = 1 + \sin x$

Charakteristisches Polynom: $P(z) = z^2 - 1 = (z-1)(z+1)$

Fundamentalsystem: $\{e^x, e^{-x}\}$

$y_h = C_1 e^x + C_2 e^{-x}$

Ansatz (NF + NF): $y_p = A + B \cos x + C \sin x$

$y_p = -1 - \frac{1}{2} \sin x$

$y = C_1 e^x + C_2 e^{-x} - 1 - \frac{1}{2} \sin x$

f)

$y'' + 3y' = e^x + e^{-3x}$

Charakteristisches Polynom: $P(z) = z^2 + 3z = z(z+3)$

Fundamentalsystem: $\{1, e^{-3x}\}$

$y_h = C_1 + C_2 e^{-3x}$

Ansatz (NF + RF): $y_p = Ae^x + Bxe^{-3x}$

$y_p = \frac{1}{4} e^x - \frac{1}{3} x e^{-3x}$

$y = C_1 + C_2 e^{-3x} + \frac{1}{4} e^x - \frac{1}{3} x e^{-3x}$

Aufgabe 9.12

a)

$$4y'' - 8y' + 5y = 0$$

Charakteristisches Polynom: $P(z) = 4z^2 - 8z + 5$

Komplexes Fundamentalsystem: $\left\{ e^{\left(1+\frac{1}{2}j\right)x}, e^{\left(1-\frac{1}{2}j\right)x} \right\}$

Reelles Fundamentalsystem: $\left\{ e^x \cos\left(\frac{1}{2}x\right), e^x \sin(\frac{1}{2}x) \right\}$

Reelle allgemeine Lösung: $y = C_1 e^x \cos\left(\frac{1}{2}x\right) + C_2 e^x \sin\left(\frac{1}{2}x\right)$

b)

$$y'' + 2y' + 17y = 0$$

Charakteristisches Polynom: $P(z) = z^2 + 2z + 17$

Komplexes Fundamentalsystem: $\left\{ e^{(-1+4j)x}, e^{(-1-4j)x} \right\}$

Reelles Fundamentalsystem: $\left\{ e^{-x} \cos(4x), e^{-x} \sin(4x) \right\}$

Reelle allgemeine Lösung: $y = C_1 e^{-x} \cos(4x) + C_2 e^{-x} \sin(4x)$

c)

$$y'' + 4y = \cos(2x)$$

Charakteristisches Polynom: $P(z) = z^2 + 4$

Komplexes Fundamentalsystem: $\left\{ e^{2jx}, e^{-2jx} \right\}$

Reelles Fundamentalsystem: $\{ \cos(2x), \sin(2x) \}$

$y_h = C_1 \cos(2x) + C_2 \sin(2x)$

Ansatz (RF): $y_p = Ax \cos(2x) + Bx \sin(x)$

$y_p = \frac{1}{4}x \sin(2x)$

Reelle allgemeine Lösung: $y = C_1 \cos(2x) + C_2 \sin(2x) + \frac{1}{4}x \sin(2x)$

d)

$$y''' + y' = 3x^2$$

Charakteristisches Polynom: $P(z) = z^3 + z$

Komplexes Fundamentalsystem: $\{1, e^{jx}, e^{-jx}\}$

Reelles Fundamentalsystem: $\{1, \cos x, \sin x\}$

$$y_h = C_1 + C_2 \cos x + C_3 \sin x$$

Ansatz (RF): $y_p = Ax^3 + Bx^2 + Cx$

$$y_p = x^3 - 6x$$

Reelle allgemeine Lösung: $y = C_1 + C_2 \cos x + C_3 \sin x + x^3 - 6x$

Gemischte Aufgaben

Aufgabe 9.13

$$y'' + y' - 2y = 0$$

Charakteristisches Polynom: $P(z) = z^2 + z - 2 = (z - 1)(z + 2)$

Fundamentalsystem: $\{e^x, e^{-2x}\}$

Allgemeine Lösung der homogenen Gleichung: $y_h = C_1 e^x + C_2 e^{-2x}$

a)

$$y'' + y' - 2y = 3e^{2x}$$

Ansatz (NF): $y_p = Ae^{2x}$

$$y_p = \frac{3}{4} e^{2x}$$

$$y = C_1 e^x + C_2 e^{-2x} + \frac{3}{4} e^{2x}$$

b)

$$y'' + y' - 2y = 2 \sin x$$

Ansatz (NF): $y_p = A \sin x + B \cos x$

$$y_p = -\frac{3\sin x + \cos x}{5}$$

$$y = C_1 e^x + C_2 e^{-2x} - \frac{3\sin x + \cos x}{5}$$

c)

$$y'' + y' - 2y = e^x(3 - 4x)$$

Ansatz (RF): $y_p = e^x(Ax^2 + Bx)$

$$y_p = \frac{e^x(13x - 6x^2)}{9}$$

$$y = C_1 e^x + C_2 e^{-2x} + \frac{e^x(13x - 6x^2)}{9}$$

Aufgabe 9.14

$$y''' - y'' = 0$$

Charakteristisches Polynom: $P(z) = z^3 - z^2 = z^2(z - 1)$

Fundamentalsystem: $\{1, x, e^x\}$

Allgemeine Lösung der homogenen Gleichung: $y_h = C_1 + C_2 x + C_3 e^x$

Die Ansätze für die partikulären Lösungen sind Ansätze für Superpositionen von Störfunktionen:

a)

$$y''' - y'' = 6x + e^{-x}$$

Ansatz (RF + NF): $y_p = Ax^3 + Bx^2 + Ce^{-x}$

$$y_P = -x^3 - 3x^2 - \frac{1}{2}e^{-x}$$

$$y = C_1 + C_2 x + C_3 e^x - x^3 - 3x^2 - \frac{1}{2}e^{-x}$$

b)

$$y''' - y'' = \cos x - 1$$

Ansatz (NF + RF): $y_p = A\cos x + B\sin x + Cx^2$

$$y_p = \frac{\cos x - \sin x + x^2}{2}$$

$$y = C_1 + C_2 x + C_3 e^x + \frac{\cos x - \sin x + x^2}{2}$$

c)

$$y''' - y'' = e^x - e^{2x}$$

Ansatz (RF + NF): $y_p = A x e^x + B e^{2x}$

$$y_p = x e^x - \frac{1}{4} e^{2x}$$

$$y = C_1 + C_2 x + C_3 e^x + x e^x - \frac{1}{4} e^{2x}$$

Aufgabe 9.15

a)

$$y' = \frac{y + 2}{x} \text{ ist separabel, } y = Cx - 2$$

b)

$$y' = \frac{y}{x} + 3, \text{ Substitution } u = \frac{y}{x}, \text{ dann separabel}$$

$$y = 3x(\ln|x| + C)$$

c)

Substitution $u = x + y - 3$, dann separabel, $y = \tan(x + C) - x + 3$

d)

linear mit konstanten Koeffizienten, $y = C_1 e^{2x} + C_2 x e^{2x} + \frac{1}{4}x + \frac{1}{4}$

e)

$$y' = \frac{y}{x} + \frac{1}{\cos\left(\frac{y}{x}\right)}, \text{ Substitution } u = \frac{y}{x}, \text{ dann separabel,}$$

$$y = x \arcsin(\ln x + C)$$

f)

linear mit konstanten Koeffizienten, $y = C_1 e^{-2x} + C_2 x e^{-2x} + \frac{1}{2}x + \frac{1}{4}$

g)

Variation der Konstanten, $y = (x^2 + C)e^{\frac{1}{2}x^2}$

h)

$y' = \dfrac{(1 + y^2)x}{\sqrt{x^2 + 1}}$ ist separabel, $y = \tan\left(\sqrt{x^2 + 1} + C\right)$

i)

$y'' + 2y' = 1$, linear mit konstanten Koeffizienten,

$y = C_1 + C_2 e^{-2x} + \frac{1}{2}x$

j)

$y' = \dfrac{x}{y^2}$ ist separabel, $y = \sqrt[3]{\dfrac{3}{2}x^2 + 3C}$

k)

$y' = \dfrac{y}{x} + 1$, Substitution $u = \dfrac{y}{x}$, dann separabel, $y = x \ln|x| + Cx$

l)

einfache Integration

$y = x^2 - x + 1$

m)

separabel

$y = 3e^{-\cos x} + 1$

n)

$y' = x^2(2 - y)$ ist separabel, $y = 2 + e^{-\frac{1}{3}x^3}$

o)

linear mit konstanten Koeffizienten, $y = 4e^{-x} - 3e^{-2x}$

p)

linear mit konstanten Koeffizienten, $y = 4e^x + 2e^{3x}$

q)

Variation der Konstanten

$y = (x + 1)e^{-x^2}$

r)

separabel

$y = \sqrt[5]{\dfrac{5}{2}x^2 + 22}$

10. Funktionen mehrerer Veränderlicher

Elementare Funktionseigenschaften

Aufgabe 10.1

a)
$$D_f = \{(x,y) \in \mathbb{R}^2 | y \geq 0\}$$
$$W_f = \mathbb{R}$$

d)
$$D_f = \{(x,y) \in \mathbb{R}^2 | x^2 + y^2 \leq 1\}$$
$$W_f = \{z \in \mathbb{R} | 0 \leq z \leq 1\}$$

b)
$$D_f = \mathbb{R}^2 \quad W_f = \mathbb{R}^3$$

e)
$$D_f = \mathbb{R} \quad W_f = \mathbb{R}^3$$

c)
$$D_f = \mathbb{R}^2 \quad W_f = \mathbb{R}$$

f)
$$D_f = \mathbb{R}^3 \quad W_f = \mathbb{R}^2$$

Aufgabe 10.2

a)
$$f(x,y) = x^2 y$$

c)
$$f(x,y) = 2\pi x^2 + 2\pi xy$$

b)
$$f(x,y) = \frac{\pi x^2 y}{3}$$

d)
$$f(x,y,z) = 2xy + 2xz + 2yz$$

Koordinatensysteme

Aufgabe 10.3

a)
$$P_1(1,0)$$

c)
$$P_3\left(2, \frac{\pi}{3}\right)$$

e)
$$P_5\left(\sqrt{2}, \frac{3}{4}\pi\right)$$

b)
$$P_2\left(2, \frac{3}{2}\pi\right)$$

d)
$$P_4\left(\sqrt{8}, \frac{7}{4}\pi\right)$$

f)
$$P_6\left(2\sqrt{3}, \frac{7}{6}\pi\right)$$

Aufgabe 10.4

a)

$$P_1(-1, \sqrt{3})$$

b)

$$P_2\left(\frac{1}{4}, \frac{\sqrt{3}}{4}\right)$$

c)

$$P_3\left(\frac{3}{\sqrt{2}}, \frac{3}{\sqrt{2}}\right)$$

d)

$$P_4(2, -2)$$

e)

$$P_5(1, 1)$$

f)

$$P_6(0, 2)$$

Aufgabe 10.5

a)

$$P_1\left(2, \frac{\pi}{3}, 0\right)$$

b)

$$P_2\left(\sqrt{2}, \frac{3}{4}\pi, 2\right)$$

c)

$$P_3\left(\sqrt{6}, \frac{\pi}{4}, -1\right)$$

Aufgabe 10.6

a)

$$P_1\left(\frac{\sqrt{3}}{2}, \frac{1}{2}, 2\right)$$

b)

$$P_2(-\sqrt{2}, \sqrt{2}, 1)$$

c)

$$P_3\left(\frac{9}{2}\sqrt{3}, -\frac{9}{2}, -1\right)$$

Aufgabe 10.7

a)

$$P_1\left(\sqrt{2}, \frac{\pi}{4}, \frac{\pi}{2}\right)$$

b)

$$P_2\left(2\sqrt{6}, \arccos\sqrt{\frac{2}{3}}, \frac{7}{4}\pi\right)$$

c)

$$P_3\left(\sqrt{3}, \arccos\frac{1}{\sqrt{3}}, \frac{5}{4}\pi\right)$$

Aufgabe 10.8

a)

$$P_1(\sqrt{3}, 1, 2\sqrt{3})$$

b)

$$P_2(1, \sqrt{3}, 2\sqrt{3})$$

c)

$$P_3(1, 1, 0)$$

11. Differentialrechnung mehrerer Veränderlicher

Partielle Ableitungen

Aufgabe 11.1

a)
$$f_x(x,y) = 3x^2 + 6xy \quad f_y(x,y) = 3x^2 - 3y^2$$

b)
$$f_x(x,y) = \frac{y}{2\sqrt{x}} - 1 \quad f_y(x,y) = \sqrt{x} - 2y + 6$$

c)
$$f_x(x,y) = \frac{y}{\sqrt{xy}} \quad f_y(x,y) = \frac{x}{\sqrt{xy}}$$

d)
$$f_x(x,y) = -\frac{y^2}{(x-y)^2} \quad f_y(x,y) = \frac{x^2}{(x-y)^2}$$

e)
$$f_x(x,y) = ye^{xy} \quad f_y(x,y) = xe^{xy}$$

f)
$$f_x(x,y) = \cos x \cos y \quad f_y(x,y) = -\sin x \sin y$$

Aufgabe 11.2

a)
$$f_x(x,y,z) = 2xy^4$$
$$f_y(x,y,z) = 4x^2y^3$$
$$f_z(x,y,z) = 2z$$

b)
$$f_x(x,y,z) = 4(x - 2y - z)^3$$
$$f_y(x,y,z) = -8(x - 2y - z)^3$$
$$f_z(x,y,z) = -4(x - 2y - z)^3$$

c)

$$f_x(x,y,z) = 3x^2y - 2xy^2 + 2yz^2$$

$$f_y(x,y,z) = x^3 + 2x^3y + 2xz^2$$

$$f_z(x,y,z) = -4z^3 + 4xyz$$

e)

$$f_x(x,y,z) = \sin(yz)\,e^{x\sin(yz)}$$

$$f_y(x,y,z) = xz\cos(yz)\,e^{x\sin(yz)}$$

$$f_z(x,y,z) = xy\cos(yz)\,e^{x\sin(yz)}$$

d)

$$f_x(x,y,z) = -\frac{2x}{(x^2 - y - z^2)^2}$$

$$f_y(x,y,z) = \frac{1}{(x^2 - y - z^2)^2}$$

$$f_z(x,y,z) = \frac{2z}{(x^2 - y - z^2)^2}$$

f)

$$f_x(x,y,z) = \frac{2x - y^2}{x^2 - xy^2 + z^4}$$

$$f_y(x,y,z) = \frac{-2xy}{x^2 - xy^2 + z^4}$$

$$f_z(x,y,z) = \frac{4z^3}{x^2 - xy^2 + z^4}$$

Aufgabe 11.3

a)

$$f_x(x,y) = 2xy^3 \qquad f_{xx}(x,y) = 2y^3 \qquad f_{yx}(x,y) = 6xy^2$$

$$f_y(x,y) = 3x^2y^2 \qquad f_{xy}(x,y) = 6xy^2 \qquad f_{yy}(x,y) = 6x^2y$$

b)

$$f_x(x,y) = 2xy + y \qquad f_{xx}(x,y) = 2y \qquad f_{yx}(x,y) = 2x + 1$$

$$f_y(x,y) = x^2 + x - 2y \qquad f_{xy}(x,y) = 2x + 1 \qquad f_{yy}(x,y) = -2$$

c)

$$f_x(x,y) = -\frac{1}{(x-y)^2} \qquad f_{xx}(x,y) = \frac{2}{(x-y)^3} \qquad f_{yx}(x,y) = -\frac{2}{(x-y)^3}$$

$$f_y(x,y) = \frac{1}{(x-y)^2} \qquad f_{xy}(x,y) = -\frac{2}{(x-y)^3} \qquad f_{yy}(x,y) = \frac{2}{(x-y)^3}$$

d)

$$f_x(x,y) = \frac{1}{y}$$

$$f_y(x,y) = -\frac{x}{y^2}$$

$$f_{xx}(x,y) = 0$$

$$f_{xy}(x,y) = -\frac{1}{y^2}$$

$$f_{yx}(x,y) = -\frac{1}{y^2}$$

$$f_{yy}(x,y) = \frac{2x}{y^3}$$

e)

$$f_x(x,y) = \sin y$$

$$f_y(x,y) = x\cos y$$

$$f_{xx}(x,y) = 0$$

$$f_{xy}(x,y) = \cos y$$

$$f_{yx}(x,y) = \cos y$$

$$f_{yy}(x,y) = -x\sin y$$

f)

$$f_x(x,y,z) = \frac{y^2}{z}$$

$$f_y(x,y,z) = \frac{2xy}{z}$$

$$f_z(x,y,z) = -\frac{xy^2}{z^2}$$

$$f_{xx}(x,y,z) = 0$$

$$f_{xy}(x,y,z) = \frac{2y}{z}$$

$$f_{xz}(x,y,z) = -\frac{y^2}{z^2}$$

$$f_{yx}(x,y,z) = \frac{2y}{z}$$

$$f_{yy}(x,y,z) = \frac{2x}{z}$$

$$f_{yz}(x,y,z) = -\frac{2xy}{z^2}$$

$$f_{zx}(x,y,z) = -\frac{y^2}{z^2}$$

$$f_{zy}(x,y,z) = -\frac{2xy}{z^2}$$

$$f_{zz}(x,y,z) = \frac{2xy}{z^3}$$

Gradient und Hesse-Matrix

Aufgabe 11.4

a)

$$\text{grad } f(x,y) = \begin{pmatrix} 3 \\ -2 \end{pmatrix} \quad \text{grad } f(0,0) = \begin{pmatrix} 3 \\ -2 \end{pmatrix}$$

b)

$$\text{grad } f(x,y) = \begin{pmatrix} 2x - 2y \\ -2x + 3 \end{pmatrix} \quad \text{grad } f(1,2) = \begin{pmatrix} -2 \\ 1 \end{pmatrix}$$

c)

$$\text{grad } f(x,y) = \begin{pmatrix} -\dfrac{y}{x^2} \\ \dfrac{1}{x} \end{pmatrix} \quad \text{grad } f(-1,2) = \begin{pmatrix} -2 \\ -1 \end{pmatrix}$$

d)

$$\text{grad } f(x,y) = \begin{pmatrix} \dfrac{3x}{\sqrt{4 + x^2 + y^4}} \\ \dfrac{6y^3}{\sqrt{4 + x^2 + y^4}} \end{pmatrix} \quad \text{grad } f(-2,1) = \begin{pmatrix} -2 \\ 2 \end{pmatrix}$$

e)

$$\text{grad } f(x,y) = \begin{pmatrix} \sin y \\ x \cos y \end{pmatrix} \quad \text{grad } f(1,\pi) = \begin{pmatrix} 0 \\ -1 \end{pmatrix}$$

f)

$$\text{grad } f(x,y) = \begin{pmatrix} y \cos(xy) \\ x \cos(xy) \end{pmatrix} \quad \text{grad } f(1,0) = \begin{pmatrix} 0 \\ 1 \end{pmatrix}$$

Aufgabe 11.5

a)

$$Hf(x,y) = \begin{pmatrix} 2xy^4 & 4x^2y^3 \\ 4x^2y^3 & 4x^3y^2 \end{pmatrix} \quad \det Hf(-2,1) = -128$$

b)

$$Hf(x,y) = \begin{pmatrix} \dfrac{8}{(2x+y)^3} & \dfrac{4}{(2x+y)^3} \\ \dfrac{4}{(2x+y)^3} & \dfrac{2}{(2x+y)^3} \end{pmatrix} \quad \det Hf(1,0) = 0$$

c)

$$Hf(x,y) = \begin{pmatrix} 0 & \dfrac{2}{\sqrt{y}} \\ \dfrac{2}{\sqrt{y}} & -\dfrac{x}{y\sqrt{y}} \end{pmatrix} \quad \det Hf(-1,4) = -1$$

d)

$$Hf(x,y) = \begin{pmatrix} (2y + 4x^2y^2)e^{x^2y} & (2x + 2x^3y)e^{x^2y} \\ (2x + 2x^3y)e^{x^2y} & x^4e^{x^2y} \end{pmatrix}$$

$$\det Hf(1,1) = -10e^2$$

e)

$$Hf(x,y,z) = \begin{pmatrix} 6xy & 3x^2 & 2z \\ 3x^2 & 0 & 0 \\ 2z & 0 & 2x \end{pmatrix} \quad \det Hf(1,2,3) = -18$$

f)

$$Hf(x,y,z) = \begin{pmatrix} 0 & \dfrac{1}{z} & -\dfrac{y}{z^2} \\ \dfrac{1}{z} & 0 & -\dfrac{x}{z^2} \\ -\dfrac{y}{z^2} & -\dfrac{x}{z^2} & \dfrac{2xy}{z^3} \end{pmatrix} \quad \det Hf(0,2,1) = 0$$

Richtungsableitungen

Aufgabe 11.6

$$\frac{\partial f}{\partial \vec{v}}(x,y) = -\frac{3}{5}x^2 + \frac{6}{5}xy + \frac{9}{5}y^2$$

$$\frac{\partial f}{\partial \vec{v}}(3,1) = 0$$

Aufgabe 11.7

$$\frac{\partial f}{\partial \vec{v}}(x,y) = -2xy - \frac{1}{y}$$

$$\frac{\partial f}{\partial \vec{v}}(2,1) = -5$$

Aufgabe 11.8

$$\vec{v} = \begin{pmatrix} -2 \\ -1 \end{pmatrix}$$

$$\frac{\partial f}{\partial \vec{v}}(x,y) = \frac{1}{\sqrt{5}}(2y^3 - 4xy^2 - 2x^2y + 3xy + 3) \quad \frac{\partial f}{\partial \vec{v}}(2,1) = -\sqrt{5}$$

Aufgabe 11.9

a)
$$f_y(x,y) = -8x^2 y^3$$

b)
$$\frac{\partial f}{\partial \vec{v}}(x,y) = -2\sqrt{2}xy^4 + 4\sqrt{2}x^2 y^3$$

c)
$$\frac{\partial f}{\partial \vec{v}}(x,y) = 4xy^3\sqrt{4x^2 + y^2}$$

Aufgabe 11.10

a)
$$f_x(x,y) = 3x^2 y^2 + y \quad f_x(0,1) = 1$$

b)
$$\frac{\partial f}{\partial \vec{v}}(x,y) = \frac{1}{\sqrt{2}}(2x^3 y + 3x^2 y^2 + x + y) \quad \frac{\partial f}{\partial \vec{v}}(0,1) = \frac{1}{\sqrt{2}}$$

c)
$$\frac{\partial f}{\partial \vec{v}}(x,y) = 3x^2 y^2 + y \quad \frac{\partial f}{\partial \vec{v}}(0,1) = 1$$

Tangentialflächen

Aufgabe 11.11

a)
$$z = 8x - 8y - 4$$

b)
$$z = 3x - 2y - 2$$

c)
$$z = 2x - y - 1$$

d)
$$z = -\frac{1}{4}x + \frac{1}{4}y + 1$$

e)
$$z = x + \frac{1}{4}y$$

f)
$$z = -\frac{17}{5}x - \frac{11}{5}y + 12$$

Extremwertaufgaben

Aufgabe 11.12

a)

$$\text{grad } f(x,y) = \begin{pmatrix} 3x^2 - 3 \\ 12y \end{pmatrix} \quad Hf(x,y) = \begin{pmatrix} 6x & 0 \\ 0 & 12 \end{pmatrix}$$

Zwei kritische Punkte:

$P_1(-1,0)$: Sattelpunkt

$P_2(1,0)$: Relatives Minimum, relativer Minimalwert ist $f(1,0) = -2$

b)

$$\text{grad } f(x,y) = \begin{pmatrix} 3x^2 - 3y \\ 3y^2 - 3x \end{pmatrix} \quad Hf(x,y) = \begin{pmatrix} 6x & -3 \\ -3 & 6y \end{pmatrix}$$

Zwei kritische Punkte:

$P_1(0,0)$: Sattelpunkt

$P_2(1,1)$: Relatives Minimum, relativer Minimalwert ist $f(1,1) = -1$

c)

$$\text{grad } f(x,y) = \begin{pmatrix} 3x^2 - 3 \\ y \end{pmatrix} \quad Hf(x,y) = \begin{pmatrix} 6x & 0 \\ 0 & 1 \end{pmatrix}$$

Zwei kritische Punkte:

$P_1(-1,0)$: Sattelpunkt

$P_2(1,0)$: Relatives Minimum, relativer Minimalwert ist $f(1,0) = -2$

d)

$$\text{grad } f(x,y) = \begin{pmatrix} -2x + y - 9 \\ x - 2y + 6 \end{pmatrix} \quad Hf(x,y) = \begin{pmatrix} -2 & 1 \\ 1 & -2 \end{pmatrix}$$

Ein kritischer Punkt:

$P(-4,1)$: Relatives Maximum,

relativer Maximalwert ist $f(-4,1) = 1$

e)

$$\text{grad } f(x,y) = \begin{pmatrix} 2x + y \\ x + 8y \end{pmatrix} \quad Hf(x,y) = \begin{pmatrix} 2 & 1 \\ 1 & 8 \end{pmatrix}$$

Ein kritischer Punkt:

$P(0,0)$: Relatives Minimum, relativer Minimalwert ist $f(0;0) = -8$

f)

$$\text{grad } f(x,y) = \begin{pmatrix} \dfrac{x}{\sqrt{x^2 + y^2 + 1}} \\ \dfrac{y}{\sqrt{x^2 + y^2 + 1}} \end{pmatrix}$$

$$Hf(x,y) = \begin{pmatrix} \dfrac{y^2 + 1}{(x^2 + y^2 + 1)\sqrt{x^2 + y^2 + 1}} & -\dfrac{xy}{(x^2 + y^2 + 1)\sqrt{x^2 + y^2 + 1}} \\ -\dfrac{xy}{(x^2 + y^2 + 1)\sqrt{x^2 + y^2 + 1}} & \dfrac{x^2 + 1}{(x^2 + y^2 + 1)\sqrt{x^2 + y^2 + 1}} \end{pmatrix}$$

Ein kritischer Punkt:

$P(0,0)$: Relatives Minimum, relativer Minimalwert ist $f(0,0) = 1$

g)

$$\text{grad } f(x,y) = \begin{pmatrix} 2xe^{\frac{1}{2}y} \\ \left(\dfrac{1}{2}x^2 + \dfrac{1}{2}y + 1\right)e^{\frac{1}{2}y} \end{pmatrix}$$

$$Hf(x,y) = \begin{pmatrix} 2e^{\frac{1}{2}y} & xe^{\frac{1}{2}y} \\ xe^{\frac{1}{2}y} & \left(\dfrac{1}{4}x^2 + \dfrac{1}{4}y + 1\right)e^{\frac{1}{2}y} \end{pmatrix}$$

Ein kritischer Punkt:

$P(0,-2)$: Relatives Minimum , relativer Minimalwert ist $f(0,-2) = -\dfrac{2}{e}$

Aufgabe 11.13

Durch Umformung der Nebenbedingungen kann jeweils eine der Variablen eliminiert werden. Die Untersuchung auf Extrema kann dann mit Mitteln der Differentialrechnung einer Veränderlicher erfolgen.

a)

$$f(x,y) = x^2 + y^2 \qquad y = 1 - x$$

$$\tilde{f}(x) = 2x^2 - 2x + 1$$

Minimum im Punkt $P\left(\dfrac{1}{2}, \dfrac{1}{2}\right)$

Minimalwert: $f\left(\dfrac{1}{2}, \dfrac{1}{2}\right) = \dfrac{1}{2}$

b)

$$f(x,y) = \dfrac{1}{6}xy^2 \qquad x,y > 0 \qquad y^2 = 4 - x^2$$

$$\tilde{f}(x) = \dfrac{2}{3}x - \dfrac{1}{6}x^3$$

Maximum im Punkt $P\left(\dfrac{2}{\sqrt{3}}, \dfrac{2\sqrt{2}}{\sqrt{3}}\right)$

Maximalwert: $f\left(\dfrac{2}{\sqrt{3}}, \dfrac{2\sqrt{2}}{\sqrt{3}}\right) = \dfrac{8}{9\sqrt{3}}$

12. Integralrechnung mehrerer Veränderlicher

Doppelintegrale

Aufgabe 12.1

a)

$$\int_0^2 \int_0^1 (x + y + 1)\, dx\, dy = \int_0^2 \left(\frac{3}{2} + y\right) dy = 5$$

b)

$$\int_{-1}^2 \int_0^1 x^2 y\, dx\, dy = \int_{-1}^2 \frac{1}{3} y\, dy = \frac{1}{2} \quad \text{oder}$$

$$\int_{-1}^2 \int_0^1 x^2 y\, dx\, dy = \int_0^1 x^2 dx \cdot \int_{-1}^2 y\, dy = \frac{1}{3} \cdot \frac{3}{2} = \frac{1}{2}$$

c)

$$\int_{-1}^1 \int_1^3 \left(\frac{1}{3}xy^2 - 1\right) dx\, dy = \int_{-1}^1 \left(\frac{4}{3}y^2 - 2\right) dy = -\frac{28}{9}$$

d)

$$\int_0^1 \int_{-1}^2 (2xy^2 + 3x^2)\, dx\, dy = \int_0^1 (3y^2 + 9)\, dy = 10$$

Aufgabe 12.2

a)

$$\int_0^1 \int_0^1 e^{x+y}\, dx\, dy = \int_0^1 (e^{1+y} - e^y)\, dy = (e - 1)^2 \quad \text{oder}$$

$$\int_0^1 \int_0^1 e^{x+y}\, dx\, dy = \int_0^1 e^x dx \cdot \int_0^1 e^y\, dy = (e - 1)(e - 1) = (e - 1)^2$$

b)

$$\int_{-1}^{0} \int_{0}^{1} y e^{xy}\, dx\, dy = \int_{-1}^{0} (e^y - 1)\, dy = -\frac{1}{e}$$

c)

$$\int_{0}^{\frac{\pi}{2}} \int_{0}^{1} x \sin y\, dx\, dy = \int_{0}^{\frac{\pi}{2}} \frac{1}{2}\sin y\, dy = \frac{1}{2} \quad \text{oder}$$

$$\int_{0}^{\frac{\pi}{2}} \int_{0}^{1} x \sin y\, dx\, dy = \int_{0}^{1} x\, dx \cdot \int_{0}^{\frac{\pi}{2}} \sin y\, dy = \frac{1}{2} \cdot 1 = \frac{1}{2}$$

d)

$$\int_{0}^{1} \int_{0}^{1} \frac{1}{(x+y+1)^2}\, dx\, dy = \int_{0}^{1} \left(\frac{1}{y+1} - \frac{1}{y+2} \right) dy = \ln\frac{4}{3}$$

Aufgabe 12.3

a)

$$\int_{1}^{4} \int_{\frac{y}{2}}^{y^2+1} (y-1)\, dx\, dy = \int_{1}^{4} \left(y^3 - \frac{3}{2}y^2 + \frac{3}{2}y - 1 \right) dy = \frac{81}{2}$$

b)

$$\int_{0}^{1} \int_{x}^{x^2} (x^2 y + xy^2)\, dy\, dx = \int_{0}^{1} \left(\frac{1}{3}x^7 + \frac{1}{2}x^6 - \frac{5}{6}x^4 \right) dx = -\frac{3}{56}$$

c)

$$\int_{-1}^{0} \int_{-y}^{y+1} (x+y)e^x\, dx\, dy = \int_{-1}^{0} (2ye^{y+1} + e^{-y})\, dy = 3 - e$$

d)

$$\int_{0}^{2} \int_{0}^{\frac{\pi}{2}y} \cos\frac{x}{y}\, dx\, dy = \int_{0}^{2} y\, dy = 2$$

Aufgabe 12.4

a)

$$\int_0^\pi \int_0^2 r \cdot \sqrt{4 - r^2}\ dr\ d\varphi = \int_0^\pi \frac{8}{3}\ d\varphi = \frac{8}{3}\pi \quad \text{oder}$$

$$\int_0^\pi \int_0^2 r \cdot \sqrt{4 - r^2}\ dr\ d\varphi = \int_0^\pi d\varphi \cdot \int_0^2 r \cdot \sqrt{4 - r^2}\ dr = \frac{8}{3}\pi$$

b)

$$\int_2^4 \int_{-\frac{\pi}{2}}^{\frac{\pi}{2}} r\cos(3\varphi)\ d\varphi\ dr = \int_2^4 -\frac{2}{3}r\ dr = -4 \quad \text{oder}$$

$$\int_2^4 \int_{-\frac{\pi}{2}}^{\frac{\pi}{2}} r\cos(3\varphi)\ d\varphi\ dr = \int_2^4 r\ dr \cdot \int_{-\frac{\pi}{2}}^{\frac{\pi}{2}} \cos(3\varphi)\ d\varphi = 6 \cdot \left(-\frac{2}{3}\right) = -4$$

c)

$$\iint_A dA = \int_1^2 \int_0^\pi r\ d\varphi dr$$

$$\int_1^2 \int_0^\pi r\ d\varphi dr = \int_1^2 \pi r\ dr = \frac{3}{2}\pi \quad \text{oder} \quad \int_1^2 \int_0^\pi r\ d\varphi dr = \int_1^2 r\ dr \cdot \int_0^\pi d\varphi = \frac{3}{2}\pi$$

d)

$$\iint_A \sin(2\varphi)\ dA = \int_1^2 \int_0^{\frac{\pi}{2}} \sin(2\varphi) r\ d\varphi dr$$

$$\int_1^2 \int_0^{\frac{\pi}{2}} \sin(2\varphi) r\ d\varphi dr = \int_1^2 r\ dr = \frac{3}{2} \quad \text{oder}$$

$$\int_1^2 \int_0^{\frac{\pi}{2}} \sin(2\varphi) r\ d\varphi dr = \int_1^2 r\ dr \cdot \int_0^{\frac{\pi}{2}} \sin(2\varphi)\ d\varphi = \frac{3}{2}$$

Aufgabe 12.5

a)

$A: 2 \leq x \leq 4$

$\quad 0 \leq y \leq 3$

$$\iint\limits_{A} (x+y)\, dA = \int\limits_{0}^{3} \int\limits_{2}^{4} (x+y)\, dx\, dy = \int\limits_{0}^{3} (6+2y)\, dy = 27$$

b)

$A: \; 1 \leq x \leq 2$

$\quad 1 \leq y \leq 3$
$\qquad$ $$\iint\limits_{A} xy\, dA = \int\limits_{1}^{3} \int\limits_{1}^{2} xy\, dx\, dy = 6$$

c)

$A: \; 0 \leq x \leq 2$

$\quad 0 \leq y \leq -\dfrac{2}{3}x + 3$

$$\iint\limits_{A} (6-3x-2y)\, dA = \int\limits_{0}^{2} \int\limits_{0}^{-\frac{2}{3}x+3} (6-3x-2y)\, dy\, dx = \frac{112}{27}$$

d)

$A: \; 0 \leq x \leq 1$

$\quad x^2 \leq y \leq x$
$\qquad$ $$\iint\limits_{A} (2x-5y)\, dA = \int\limits_{0}^{1} \int\limits_{x^2}^{x} (2x-5y)\, dy\, dx = -\frac{1}{6}$$

Aufgabe 12.6

a)

$A: 0 \leq r \leq 2$

$\quad 0 \leq \varphi \leq \dfrac{3}{2}\pi$

$$\iint\limits_{A} (r-1)\, dA = \int\limits_{0}^{\frac{3}{2}\pi} \int\limits_{0}^{2} (r-1)r\, dr\, d\varphi = \int\limits_{0}^{\frac{3}{2}\pi} \int\limits_{0}^{2} (r^2-r)\, dr\, d\varphi = \pi$$

b)

A: $1 \leq r \leq 2$

$0 \leq \varphi \leq \dfrac{\pi}{2}$
$\qquad \displaystyle\iint\limits_{A} \sin(2\varphi)\, dA = \int\limits_{1}^{2} \int\limits_{0}^{\frac{\pi}{2}} \sin(2\varphi)\, r\, d\varphi\, dr = \dfrac{3}{2}$

c)

A: $1 \leq r \leq 2$

$0 \leq \varphi \leq \pi$

$$\iint\limits_{A} (4 - r^2)\, dA = \int\limits_{0}^{\pi} \int\limits_{1}^{2} (4 - r^2)\, r\, dr\, d\varphi = \int\limits_{0}^{\pi} \int\limits_{1}^{2} (4r - r^3)\, dr\, d\varphi$$

$$= \int\limits_{0}^{\pi} \dfrac{9}{4}\, d\varphi = \dfrac{9}{4}\pi$$

d)

$x = r \cos\varphi \;$ und $\; y = r\, \sin\varphi$ $\qquad$ A: $\; 0 \leq r \leq 3$

$f(r, \varphi) = \sqrt{9 - r^2}$ $\qquad\qquad\qquad\quad 0 \leq \varphi \leq \dfrac{\pi}{2}$

$$\iint\limits_{A} f\, dA = \int\limits_{0}^{\frac{\pi}{2}} \int\limits_{0}^{3} \sqrt{9 - r^2}\, r\, dr\, d\varphi = \dfrac{9}{2}\pi$$

Aufgabe 12.7

a)

A: $0 \leq x \leq 1$

$x \leq y \leq 5x$
$\qquad \displaystyle\iint\limits_{A} dA = \int\limits_{0}^{1} \int\limits_{x}^{5x} dy\, dx = \int\limits_{0}^{1} 4x\, dx = 2$

b)

A: $\dfrac{1}{3}y \leq x \leq y + 1$

$1 \leq y \leq 4$
$\qquad \displaystyle\iint\limits_{A} dA = \int\limits_{1}^{4} \int\limits_{\frac{1}{3}y}^{y+1} dy\, dx = \int\limits_{1}^{4} \left(\dfrac{2}{3}y + 1\right) dx = 8$

Dreifachintegrale

Aufgabe 12.8

a)

$$\int_0^1 \int_{-1}^1 \int_0^1 (2xz - y)\, dx\, dy\, dz = \int_0^1 \int_{-1}^1 (z - y)\, dy\, dz = \int_0^1 2z\, dz = 1$$

b)

$$\int_0^1 \int_{-1}^0 \int_0^1 (x^2 y^2 + z^2)\, dx\, dy\, dz = \int_0^1 \int_{-1}^0 \left(\frac{1}{3}y^2 + z^2\right) dy\, dz = \int_0^1 \left(\frac{1}{9} + z^2\right) dz = \frac{4}{9}$$

c)

$$\int_0^1 \int_0^{\frac{\pi}{2}} \int_0^1 x\, z^2 \cos y \; dx\, dy\, dz = \int_0^1 \int_0^{\frac{\pi}{2}} \frac{1}{2} z^2 \cos y\, dy\, dz = \int_0^1 \frac{1}{2} z^2 dz = \frac{1}{6}$$

d)

$$\int_0^1 \int_0^{\frac{\pi}{2}} \int_0^{\pi} e^{2z} \cos(x + y)\, dx\, dy\, dz = \int_0^1 \int_0^{\frac{\pi}{2}} e^{2z}(\sin(\pi + y) - \sin y)\, dy\, dz$$

$$= \int_0^1 -2e^{2z} dz = 1 - e^2$$

Aufgabe 12.9

a)

$$\int_0^1 \int_0^1 \int_0^{1-y} (x^2 + y^2)\, dz\, dy\, dx = \int_0^1 \int_0^1 (x^2 - x^2 y + y^2 - y^3)\, dy\, dx$$

$$= \int_0^1 \left(\frac{1}{2}x^2 + \frac{1}{12}\right) dx = \frac{1}{4}$$

b)

$$\int_0^2 \int_0^x \int_0^y xyz\, dz\, dy\, dx \;=\; \int_0^2 \int_0^x \frac{1}{2}xy^3\, dy\, dx \;=\; \int_0^2 \frac{1}{8}x^5 dx = \frac{4}{3}$$

c)

$$\int_0^\pi \int_0^{\sin y} \int_0^{\cos y} (\pi - y)\, dx\, dz\, dy \;=\; \int_0^\pi \int_0^{\sin y} (\pi - y)\cos y\ dz\, dy$$

$$=\; \frac{1}{2}\int_0^\pi (\pi - y)\sin(2y)\, dy = \frac{\pi}{4}$$

d)

$$\int_1^2 \int_0^{2\pi} \int_0^{\sqrt{4-r^2}} r\, dz\, d\varphi\ dr \;=\; \int_1^2 \int_0^{2\pi} r\sqrt{4-r^2}\, d\varphi\ dr$$

$$=\; \int_1^2 2\pi r\sqrt{4-r^2}\, dr = 2\sqrt{3}\pi$$

Aufgabe 12.10

$$V = \iiint_B dB$$

a)

$$V = \int_0^3 \int_{-2}^2 \int_0^1 dx\ dy\ dz = \int_0^3 dz \cdot \int_{-2}^2 dy \cdot \int_0^1 dx = 12 \ \ (VE)$$

b)

$$V = \int_0^2 \int_0^1 \int_0^{1-x} dy\, dx\, dz = \int_0^2 \int_0^1 (1-x)dx\, dz = \int_0^2 \frac{1}{2}dz = 1 \ \ (VE)$$

c)

$$V = \int_0^3 \int_{-\frac{z-3}{3}}^{\frac{z-3}{3}} \int_{-\frac{z-3}{3}}^{\frac{z-3}{3}} dx\, dy\, dz = \frac{2}{3} \int_0^3 \int_{-\frac{z-3}{3}}^{\frac{z-3}{3}} (z-3) dy\, dz$$

$$= \frac{4}{9} \int_0^3 (z-3)^2 dz = 4 \quad (VE)$$

d)

$$V = \int_0^3 \int_0^{2\pi} \int_0^1 r\, dr\, d\varphi\, dz = \int_0^1 r\, dr \cdot \int_0^{2\pi} d\varphi \cdot \int_0^3 dz = 3\pi \quad (VE)$$

Aufgabe 12.11

a) Das Paraboloid ist rotationssymmetrisch zur z-Achse. Günstig ist die Verwendung von Zylinderkoordinaten.

$$V = \iiint_V dV = \int_0^4 \int_0^{2\pi} \int_0^{\sqrt{4-z}} r\, dr\, d\varphi\, dz = \int_0^4 \int_0^{2\pi} \left(2 - \frac{1}{2}z\right) d\varphi\, dz$$

$$= \int_0^4 (4\pi - \pi z) dz = 8\pi$$

b) Die Integrationsfläche ist kreisförmig. Günstig ist die Verwendung von Polarkoordinaten.

$$z = 4 - r^2$$

$$V = \iint_A z\, dA = \int_0^2 \int_0^{2\pi} (4 - r^2)\, r\, d\varphi\, dr$$

$$= \int_0^2 \int_0^{2\pi} (4r - r^3)\, d\varphi\, dr = 2\pi \int_0^2 (4r - r^3) dr = 8\pi$$

Potentialfeld und Potentialfunktion

Aufgabe 12.12

a)

Wegen $\dfrac{\partial F_1}{\partial y} = 0 = \dfrac{\partial F_2}{\partial x}$, $\dfrac{\partial F_1}{\partial z} = 0 = \dfrac{\partial F_3}{\partial x}$ und $\dfrac{\partial F_2}{\partial z} = 0 = \dfrac{\partial F_3}{\partial y}$ ist

$\vec{F}(x,y,z) = \begin{pmatrix} 0 \\ 0 \\ K \end{pmatrix}$ ein Potentialfeld.

Potentialfunktionen: $V(x,y,z) = Kz + C$

b)

Wegen $\dfrac{\partial F_1}{\partial y} = 1 = \dfrac{\partial F_2}{\partial x}$, $\dfrac{\partial F_1}{\partial z} = 0 = \dfrac{\partial F_3}{\partial x}$ und $\dfrac{\partial F_2}{\partial z} = 0 = \dfrac{\partial F_3}{\partial y}$ ist

$\vec{F}(x,y,z) = \begin{pmatrix} y \\ x \\ 1 \end{pmatrix}$ ein Potentialfeld.

Potentialfunktionen: $V(x,y,z) = xy + z + C$

c)

Wegen $\dfrac{\partial F_1}{\partial y} = 0 = \dfrac{\partial F_2}{\partial x}$, $\dfrac{\partial F_1}{\partial z} = 0 = \dfrac{\partial F_3}{\partial x}$ und $\dfrac{\partial F_2}{\partial z} = 2yz = \dfrac{\partial F_3}{\partial y}$ ist

$\vec{F}(x,y,z) = \begin{pmatrix} x \\ yz^2 \\ y^2 z \end{pmatrix}$ ein Potentialfeld.

Potentialfunktionen: $V(x,y,z) = \dfrac{1}{2}x^2 + \dfrac{1}{2}y^2 z^2 + C$

d)

Wegen $\dfrac{\partial F_1}{\partial z} = x^2 \neq \dfrac{\partial F_3}{\partial x} = 0$ ist $\vec{F}(x,y,z) = \begin{pmatrix} x^2 z \\ 2y \\ z \end{pmatrix}$ kein Potentialfeld.

Eine Potentialfunktion existiert nicht.

Kurvenintegrale

Aufgabe 12.13

$$\vec{r}'(t) = \begin{pmatrix} 3t^2 \\ 0 \\ 4t^2 \end{pmatrix}$$

$$L = \int_K ds = \int_0^1 \left\| \vec{r}'(t) \right\| dt = \int_0^1 \sqrt{9t^4 + 16t^4}\, dt = \int_0^1 5t^2 dt = \left[\frac{5}{3} t^3 \right]_0^1 = \frac{5}{3}$$

Aufgabe 12.14

$$K = \{\vec{r}(\varphi) \mid 0 \le \varphi \le \pi\} \quad \vec{r}'(\varphi) = \begin{pmatrix} -4\sin\varphi \\ 4\cos\varphi \\ 3 \end{pmatrix}$$

$$L = \int_K ds = \int_0^\pi \left\| \vec{r}'(\varphi) \right\| dt = \int_0^\pi \sqrt{16(\sin^2\varphi + \cos^2\varphi) + 9}\, d\varphi$$

$$= \int_0^\pi 5\, d\varphi = [5\varphi]_0^\pi = 5\pi$$

Aufgabe 12.15

$$K = \left\{ \vec{r}(t) = \begin{pmatrix} t \\ \frac{1}{2}t - 2 \end{pmatrix} \mid 0 \le t \le 4 \right\} \quad f(\vec{r}(t)) = \frac{1}{\frac{1}{2}t + 2} \quad \vec{r}'(t) = \begin{pmatrix} 1 \\ \frac{1}{2} \end{pmatrix}$$

$$\int_K f\, ds = \int_0^4 f(\vec{r}(t)) \left\| \vec{r}'(t) \right\| dt = \int_0^4 \frac{1}{\frac{1}{2}t + 2} \sqrt{\frac{5}{4}}\, dt = \sqrt{5} \int_0^4 \frac{1}{t + 4}\, dt$$

$$= \sqrt{5}[\ln|t + 4|]_0^4 = \sqrt{5}\ln 2$$

Aufgabe 12.16

$$K = \left\{ \vec{r}(\varphi) = \begin{pmatrix} \cos\varphi \\ \sin\varphi \\ \varphi \end{pmatrix} \Big| 0 \le \varphi \le 2\pi \right\}$$

$$f\big(\vec{r}(\varphi)\big) = \frac{\varphi^2}{\cos^2\varphi + \sin^2\varphi} = \varphi^2 \qquad \vec{r}\,'(\varphi) = \begin{pmatrix} -\sin\varphi \\ \cos\varphi \\ 1 \end{pmatrix}$$

$$\int\limits_K f\, ds = \int\limits_0^{2\pi} f\big(\vec{r}(\varphi)\big)\|\vec{r}\,'(\varphi)\|\, d\varphi = \int\limits_0^{2\pi} \sqrt{2}\,\varphi^2 d\varphi = \left[\frac{\sqrt{2}}{3}\varphi^3\right]_0^{2\pi} = \frac{8\sqrt{2}}{3}\pi^3$$

Aufgabe 12.17

$$\vec{F}\big(\vec{r}(t)\big) = \begin{pmatrix} 2t^5 \\ 3\sin(t^2) \end{pmatrix} \qquad \vec{r}\,'(t) = \begin{pmatrix} 1 \\ 2t \end{pmatrix}$$

$$\int\limits_K \vec{F}\, d\vec{r} = \int\limits_0^2 \vec{F}\big(\vec{r}(t)\big)\cdot\vec{r}\,'(t)dt = \int\limits_0^2 \begin{pmatrix} 2t^5 \\ 3\sin t^2 \end{pmatrix}\cdot\begin{pmatrix} 1 \\ 2t \end{pmatrix} dt$$

$$= \int\limits_0^2 (2t^5 + 6t\sin(t^2))dt = \left[\frac{1}{3}t^6 - 3\cos(t^2)\right]_0^2 = \frac{73}{3} - 3\cos 4$$

Aufgabe 12.18

$\vec{F}$ ist ein Potentialfeld. Das Kurvenintegral ist somit wegunabhängig und kann als Potentialdifferenz berechnet werden.

Eine Potentialfunktion ist $V(x,y,z) = xy + z$.

$$V\big(\vec{r}(0)\big) = V(0,0,-1) = -1 \qquad V\big(\vec{r}(1)\big) = V(1,1,0) = 1$$

Damit ist

$$\int\limits_K \vec{F}\, d\vec{r} = V\big(\vec{r}(1)\big) - V\big(\vec{r}(0)\big) = 2$$

Aufgabe 12.19

$$\vec{F}(\vec{r}(t)) = \begin{pmatrix} t \\ t^3 \\ t^3 \end{pmatrix} \quad \vec{r}'(t) = \begin{pmatrix} 1 \\ 1 \\ 1 \end{pmatrix}$$

$$\int_K \vec{F} \, d\vec{r} = \int_0^1 F(\vec{r}(t)) \cdot \vec{r}'(t) dt = \int_0^1 \begin{pmatrix} t \\ t^3 \\ t^3 \end{pmatrix} \cdot \begin{pmatrix} 1 \\ 1 \\ 1 \end{pmatrix} dt = \int_0^1 (t + 2t^3) dt = 1$$

Oder mit Potentialfunktion, z.B. $V(x, y, z) = \dfrac{1}{2} x^2 + \dfrac{1}{2} y^2 z^2$:

$$V(\vec{r}(0)) = 0 \qquad V(\vec{r}(1)) = 1$$

$$\int_K \vec{F} \, d\vec{r} = V(\vec{r}(1)) - V(\vec{r}(0)) = 1$$

Aufgabe 12.20

$$\vec{F}(\vec{r}(t)) = \begin{pmatrix} 0 \\ 2t \\ t^2 \end{pmatrix} \quad \vec{r}'(t) = \begin{pmatrix} 0 \\ 1 \\ 2t \end{pmatrix}$$

$$\int_K \vec{F} \, d\vec{r} = \int_0^1 F(\vec{r}(t)) \cdot \vec{r}'(t) dt = \int_0^1 \begin{pmatrix} 0 \\ 2t \\ t^2 \end{pmatrix} \cdot \begin{pmatrix} 0 \\ 1 \\ 2t \end{pmatrix} dt = \int_0^1 (2t + 2t^3) dt$$

$$= \left[t^2 + \frac{1}{2} t^4 \right]_0^1 = \frac{3}{2}$$

13. Fourier-Transformationen

Fourier-Reihen

Aufgabe 13.1

$f(x) = x^2$ für $x \in [0,2\pi)$, 2π-periodisch fortgesetzt

a)

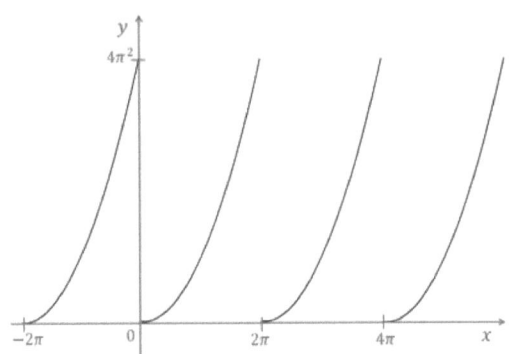

b) Da der Funktionsgraph weder achsensymmetrisch zur y-Achse noch punktsymmetrisch zum Ursprung ist, ist die Funktion weder gerade noch ungerade.

c) Eine mögliche Zerlegung des Periodizitätsintervalls ist
$$x_1 = 0 < x_2 = 2\pi.$$

Auf dem offenen Intervall $(0,2\pi)$ ist f differenzierbar und es ist $f'(x) = 2x$. Wegen $0 \leq f'(x) \leq 4\pi$ ist die Ableitung von f auf dem Intervall beschränkt.

An den Zerlegungspunkten existieren die links- und rechtsseitigen Grenzwerte:

$$\lim_{\substack{x \to 0 \\ x<0}} f(x) = 4\pi^2 \quad \lim_{\substack{x \to 0 \\ x>0}} f(x) = 0$$

$$\lim_{\substack{x \to 2\pi \\ x<2\pi}} f(x) = 4\pi^2 \quad \lim_{\substack{x \to 2\pi \\ x>2\pi}} f(x) = 0$$

d)

$$a_0 = \frac{8}{3}\pi^2, a_n = \frac{4}{n^2}, b_n = -\frac{4\pi}{n}$$

$$f(x) = \frac{4}{3}\pi^2 + \sum_{n=1}^{\infty}\left(\frac{4\cos(nx)}{n^2} - \frac{4\pi\sin(nx)}{n}\right) \text{ wo } f \text{ stetig ist.}$$

e)

An der Stelle $x_0 = 2\pi$ ist $f(2\pi) = 0$.

Dagegen ist der Wert der Fourier-Reihe an der Stelle $x_0 = 2\pi$:

$$\frac{\lim\limits_{\substack{x \to 2\pi \\ x < 2\pi}} f(x) + \lim\limits_{\substack{x \to 2\pi \\ x > 2\pi}} f(x)}{2} = \frac{4\pi^2 + 0}{2} = 2\pi^2.$$

Aufgabe 13.2

a)

$$f(x) = \begin{cases} 1, 0 \leq x < \pi \\ -1, \pi \leq x < 2\pi \end{cases}, 2\pi\text{-periodisch fortgesetzt}$$

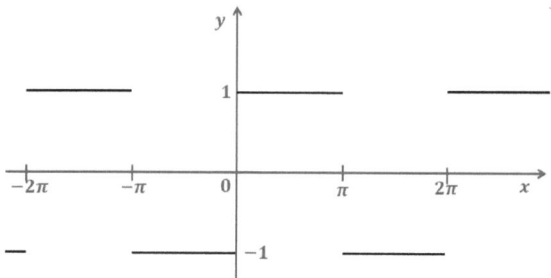

f ist bei Vernachlässigung der Unstetigkeitsstellen ungerade.

$$a_n = 0 \ (n \in \mathbb{N}_0)$$

$$b_n = \frac{2}{\pi} \cdot \frac{1 - \cos(n\pi)}{n} = \begin{cases} \frac{4}{n\pi}, & n \text{ ungerade} \\ 0, & n \text{ gerade} \end{cases} \qquad f(x) = \sum_{\substack{n=1 \\ n \text{ ungerade}}}^{\infty} \frac{4}{n\pi}\sin(nx)$$

b)

$$f(x) = \begin{cases} 1, & 0 < x < \dfrac{\pi}{4} \\ 0, & \dfrac{\pi}{4} < x < \dfrac{7}{4}\pi \\ 1, & \dfrac{7}{4}\pi < x < 2\pi \end{cases} \quad , 2\pi\text{-periodisch fortgesetzt}$$

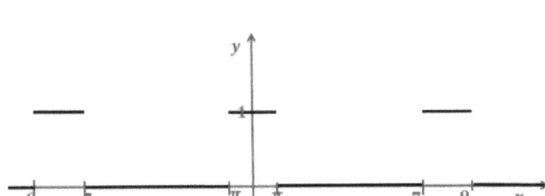

f ist gerade

$$b_n = 0 \ (n \in \mathbb{N}) , a_0 = \frac{1}{2}, a_n = \frac{2}{\pi n}\sin\left(n\frac{\pi}{4}\right)$$

$$f(x) = \frac{1}{4} + \sum_{n=1}^{\infty} \frac{2}{\pi n}\sin\left(n\frac{\pi}{4}\right)\cos(nx)$$

c)

$$f(x) = \frac{1}{\pi}x, -\pi < x < \pi, \ 2\pi\text{-periodisch fortgesetzt}$$

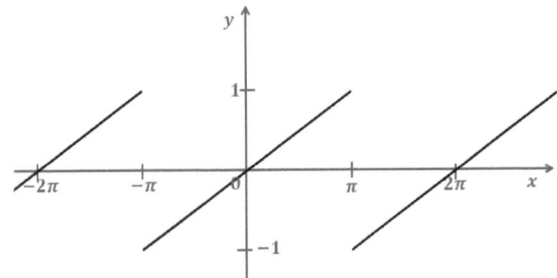

f ist ungerade

$$a_n = 0 \ (n \in \mathbb{N}_0), \ b_n = -\frac{2\cos(n\pi)}{n\pi}$$

$$f(x) = \frac{2}{\pi} \sum_{n=1}^{\infty} -\frac{\cos(n\pi)}{n} \sin(nx) = \frac{2}{\pi} \sum_{n=1}^{\infty} (-1)^{n+1} \frac{\sin(nx)}{n}$$

Aufgabe 13.3

$$f(x) = \begin{cases} 0, & -1 < x < 0 \\ x, & 0 < x < 1 \end{cases}.$$

a)

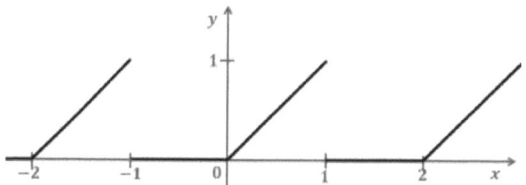

f ist weder gerade noch ungerade

b)

$$a_0 = \frac{1}{2}, a_n = \frac{\cos(n\pi) - 1}{n^2\pi^2}, b_n = -\frac{\cos(n\pi)}{n\pi}$$

$$f(x) = \frac{1}{4} + \sum_{n=1}^{\infty} \left(\frac{\cos(n\pi) - 1}{n^2\pi^2} \cos(n\pi x) - \frac{\cos(n\pi)}{n\pi} \sin(n\pi x) \right) \text{ wo } f \text{ stetig}$$

c)

$$a_n = \frac{\cos(n\pi) - 1}{n^2\pi^2} = \begin{cases} 0, & n \text{ gerade} \\ -\frac{2}{n^2\pi^2}, & n \text{ ungerade} \end{cases} \qquad a_2 = 0$$

$$b_n = -\frac{\cos(n\pi)}{n\pi} = \begin{cases} -\frac{1}{n\pi}, & n \text{ gerade} \\ \frac{1}{n\pi}, & n \text{ ungerade} \end{cases} \qquad b_2 = -\frac{1}{2\pi}$$

d)

$$\frac{\lim\limits_{\substack{x \to 1 \\ x<1}} f(x) + \lim\limits_{\substack{x \to 1 \\ x>1}} f(x)}{2} = \frac{1+0}{2} = \frac{1}{2}$$

Aufgabe 13.4

a)

$$f(x) = \begin{cases} 1, & 0 < x < 1 \\ -1, & 1 < x < 2 \end{cases} \text{, 2-periodisch fortgesetzt}$$

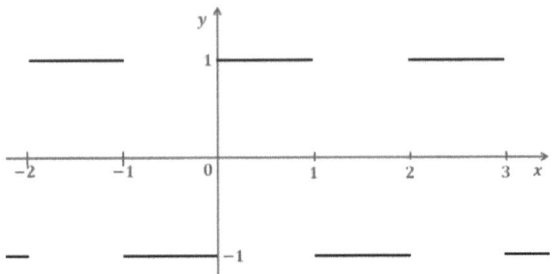

f ist ungerade, $a_n = 0$ für $n \in \mathbb{N}_0$, $b_n = \dfrac{2(1 - \cos(\pi n))}{\pi n}$

$$f(x) = \sum_{n=1}^{\infty} \frac{2(1 - \cos(\pi n))}{\pi n} \sin(n\pi x) \quad \text{wo } f \text{ stetig ist.}$$

b)

$$f(x) = \begin{cases} 0, & -2 < x < -1 \\ -1, & -1 < x < 0 \\ 1, & 0 < x < 1 \\ 0, & 1 < x < 2 \end{cases} \text{, 4-periodisch fortgesetzt}$$

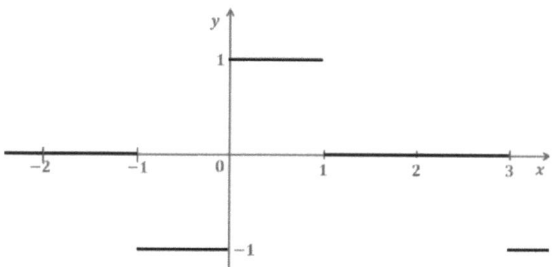

f ist ungerade, $a_n = 0$ für $n \in \mathbb{N}_0$

$$b_n = \frac{2}{n\pi}\left(1 - \cos\left(n\frac{\pi}{2}\right)\right)$$

$$f(x) = \sum_{n=1}^{\infty} \frac{2}{n\pi}\left(1 - \cos\left(n\frac{\pi}{2}\right)\right)\sin\left(n\frac{\pi}{2}x\right) \quad \text{wo } f \text{ stetig ist.}$$

c)

$$f(x) = \begin{cases} 1, & 0 < x < \dfrac{1}{2} \\ 0, & \dfrac{1}{2} \le x < 3 \\ 1, & 3 \le x \le \dfrac{7}{2} \end{cases}, \quad \dfrac{7}{2}\text{-periodisch fortgesetzt}$$

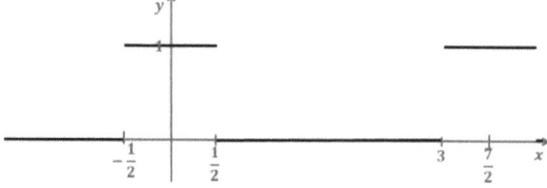

f ist bei Vernachlässigung der Unstetigkeitsstellen gerade

$$b_n = 0 \text{ für } n \in \mathbb{N}, a_0 = \frac{4}{7}, a_n = \frac{2}{n\pi}\sin\left(n\frac{2}{7}\pi\right)$$

$$f(x) = \frac{2}{7} + \sum_{n=1}^{\infty} \frac{2}{\pi n}\sin\left(n\frac{2}{7}\pi\right)\cos\left(n\frac{4\pi}{7}x\right)$$

Fourier-Integrale

Aufgabe 13.5

a)

$$f(t) = \begin{cases} 1, & -1 \le t \le 1 \\ 0, & \text{sonst} \end{cases}$$

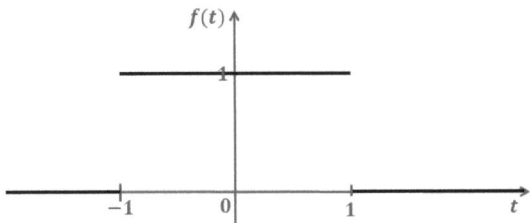

f ist gerade, Fourier-Kosinus-Transformation

$$A(\omega) = \frac{2\sin\omega}{\pi\omega}$$

$$f(t) = \int\limits_{0}^{\infty} \frac{2\sin\omega}{\pi\omega}\cos(\omega t)\,d\omega$$

b)

$$f(t) = \begin{cases} 1, & 0 \le t \le 1 \\ 0, & \text{sonst} \end{cases}$$

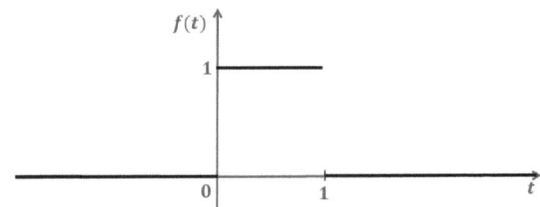

f ist weder gerade noch ungerade

$$A(\omega) = \frac{\sin\omega}{\pi\omega}, B(\omega) = \frac{1-\cos\omega}{\pi\omega}$$

$$f(t) = \int\limits_{0}^{\infty} \left(\frac{\sin\omega}{\pi\omega}\cos(\omega t) + \frac{1-\cos\omega}{\pi\omega}\sin(\omega t) \right) d\omega$$

c)

$$f(t) = \begin{cases} 1, & -2 \le t < 0 \\ -1, & 0 \le t \le 2 \\ 0, & \text{sonst} \end{cases}$$

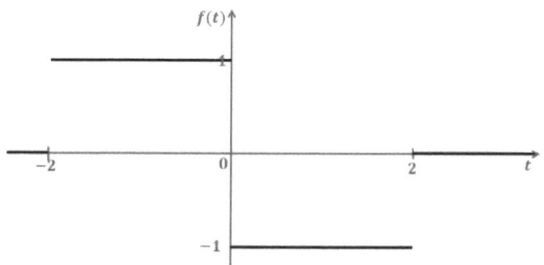

f ist bei Vernachlässigung der Unstetigkeitsstellen ungerade, Fourier-Sinus-Transformation

$$B(\omega) = \frac{2}{\pi\omega}(\cos(2\omega) - 1)$$

$$f(t) = \int\limits_{0}^{\infty} \frac{2}{\pi\omega}(\cos(2\omega) - 1)\sin(\omega t)\, d\omega$$

d)

$$f(t) = \begin{cases} -1, & -1 \le t < 0 \\ +1, & 0 \le t \le 1 \\ 0, & \text{sonst} \end{cases}$$

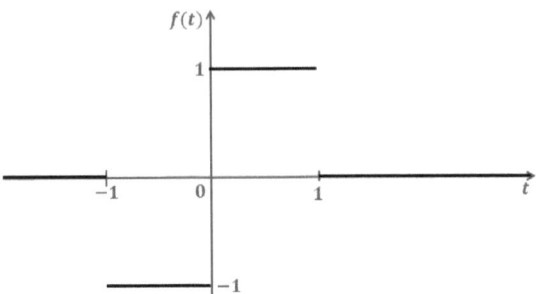

f ist bei Vernachlässigung der Unstetigkeitsstellen ungerade,
Fourier-Sinus-Transformation

$$B(\omega) = \frac{2 - 2\cos\omega}{\pi\omega}$$

$$f(t) = \int_0^\infty \frac{2 - 2\cos\omega}{\pi\omega} \sin(\omega t)\, d\omega$$

e)

$$f(t) = \begin{cases} t, & 0 \le t \le 1 \\ 0, & \text{sonst} \end{cases}$$

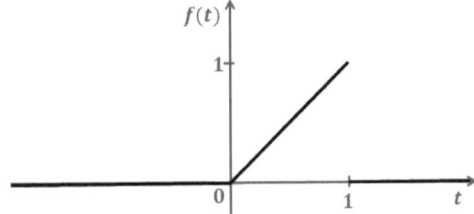

f ist weder gerade noch ungerade

$$A(\omega) = \frac{\omega \sin \omega + \cos \omega - 1}{\pi \omega^2}, B(\omega) = \frac{\sin \omega - \omega \cos \omega}{\pi \omega^2}$$

$$f(t) = \int\limits_0^\infty \left(\frac{\omega \sin \omega + \cos \omega - 1}{\pi \omega^2} \cos(\omega t) + \frac{\sin \omega - \omega \cos \omega}{\pi \omega^2} \sin(\omega t) \right) d\omega$$

f)

$$f(t) = \begin{cases} -t, & -1 \le t < 0 \\ t, & 0 < t \le 1 \\ 0, & \text{sonst} \end{cases}$$

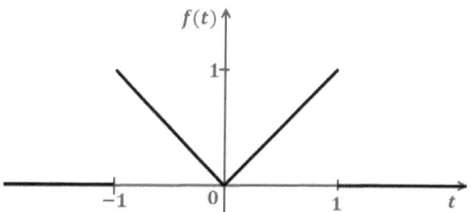

f ist gerade, Fourier-Kosinus-Transformation

$$A(\omega) = \frac{2}{\pi \omega} \left[\sin \omega + \frac{\cos \omega}{\omega} - \frac{1}{\omega} \right]$$

$$f(t) = \int\limits_0^\infty \frac{2}{\pi \omega} \left[\sin \omega + \frac{\cos \omega}{\omega} - \frac{1}{\omega} \right] \cos(\omega t) \, d\omega$$

g)

$$f(t) = \begin{cases} 1+t, & -1 \le t < 0 \\ 1-t, & 0 \le t \le 1 \\ 0, & \text{sonst} \end{cases}$$

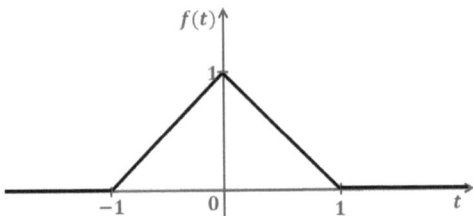

f ist gerade, Fourier-Kosinus-Transformation

$$A(\omega) = \frac{2(1 - \cos \omega)}{\pi \omega^2}$$

$$f(t) = \int_0^\infty \frac{2(1 - \cos \omega)}{\pi \omega^2} \cos(\omega t)\, d\omega$$

h)

$$f(t) = \begin{cases} -t-2, & -2 \le t < -1 \\ t, & -1 \le t \le 1 \\ -t+2, & 1 < t \le 2 \\ 0, & \text{sonst} \end{cases}$$

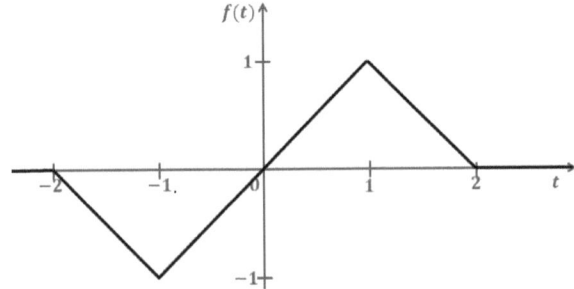

f ist ungerade, Fourier-Sinus-Transformation

$$B(\omega) = \frac{4}{\pi\omega^2}\sin\omega - \frac{2}{\pi\omega^2}\sin(2\omega) = \frac{4}{\pi\omega^2}\left(\sin\omega\,(1-\cos\omega)\right)$$

$$f(t) = \int_0^\infty \frac{4}{\pi\omega^2}\left(\sin\omega\,(1-\cos\omega)\right)\cdot\sin(\omega t)\,d\omega$$

Aufgabe 13.6

a)

f ist gerade, Fourier-Kosinus-Transformation

$$A(\omega) = \frac{4}{\pi\omega}\sin(\frac{\omega}{2})$$

$$f(t) = \int_0^\infty \frac{4}{\pi\omega}\sin(\frac{\omega}{2})\cos(\omega t)\,d\omega$$

b)

$$F(\omega) = \frac{2}{\pi\omega}\sin\left(\frac{\omega}{2}\right)$$

$$f(t) = \int_{-\infty}^\infty \frac{2}{\pi\omega}\sin\left(\frac{\omega}{2}\right)e^{\omega t j}\,d\omega$$

c)

Die auf reellem Wege berechnete Fourier-Transformierte $A(\omega)$ und die auf komplexem Wege berechnete Fourier-Transformierte $F(\omega)$ unterscheiden sich durch einen Faktor $\frac{1}{2}$.

14. Laplace-Transformationen

Transformation in den Bildraum

Aufgabe 14.1

a)
$$F(s) = \frac{6}{s^4}$$

b)
$$F(s) = \frac{1}{s+2}$$

c)
$$F(s) = \frac{s}{s^2+4}$$

d)
$$F(s) = \frac{s^2-1}{(s^2+1)^2}$$

e)
$$F(s) = \frac{3}{(s-2)^2+9}$$

f)
$$F(s) = \frac{4!}{(s-1)^5}$$

Aufgabe 14.2

a)
$$F(s) = \frac{8}{s^3} - \frac{2}{s^2} + \frac{3}{s}$$

b)
$$F(s) = \frac{2}{s^4} - \frac{6}{s^3} + \frac{1}{s}$$

c)
$$F(s) = \frac{2s}{s^2-4}$$

d)
$$F(s) = \frac{1}{(s-1)(s+3)}$$

e)
$$F(s) = \frac{s+1}{s^2+9}$$

f)
$$F(s) = \frac{s+1}{(s^2-1)(s-1)}$$

Rücktransformation in den Zeitbereich

Aufgabe 14.3

a)
$$f(t) = t^3$$

b)
$$f(t) = \sin(2t)$$

c)
$$f(t) = \sinh t$$

d)
$$f(t) = t\cosh(2t)$$

e)
$$f(t) = \frac{t}{6}\sin(3t)$$

f)
$$f(t) = e^{2t}t^4$$

Aufgabe 14.4

a)
$$f(t) = \frac{1}{2}t^3$$

b)
$$f(t) = 2t^2$$

c)
$$f(t) = e^t \cos t$$

d)
$$f(t) = 1 - \cos t$$

e)
$$f(t) = 4\cos(2t)$$

f)
$$f(t) = 2e^{3t}\sin(2t)$$

Aufgabe 14.5

a)
$$f(t) = 3e^t + e^{-t} - \frac{1}{2}e^{2t}$$

b)
$$f(t) = e^{4t}\left(2 - t + \frac{1}{2}t^2\right)$$

c)
$$f(t) = 2\cos(2t) + \frac{1}{2}\sin(2t) + \frac{1}{2}$$

d)
$$f(t) = e^{3t}\left(3\cos(\sqrt{2}\,t) + \frac{13}{\sqrt{2}}\sin(\sqrt{2}\,t) + 1\right)$$

Aufgabe 14.6

a)
$$F(s) = \frac{4s - 9}{(s - 5)(s - 3)} = \frac{11}{2}\frac{1}{s - 5} - \frac{3}{2}\frac{1}{s - 3}$$

$$f(t) = \frac{11}{2}e^{5t} - \frac{3}{2}e^{3t}$$

b)
$$F(s) = \frac{s^2 + 3}{s(s + 1)^2} = \frac{3}{s} - \frac{2}{s + 1} - \frac{4}{(s + 1)^2}$$

$$f(t) = 3 - 2e^{-t} - 4te^{-t}$$

c)

$$F(s) = \frac{s^2 + 2s + 3}{(s+2)^3} = \frac{1}{s+2} - \frac{2}{(s+2)^2} + \frac{3}{(s+2)^3}$$

$$f(t) = e^{-2t} - 2te^{-2t} + \frac{3}{2}t^2 e^{-2t}$$

d)

$$F(s) = \frac{2s^2 - 3s + 6}{(s-2)(s^2+4)} = \frac{1}{s-2} + \frac{s-1}{s^2+4}$$

$$f(t) = e^{2t} + \cos(2t) - \frac{1}{2}\sin(2t)$$

Aufgabe 14.7

a)

Mit Faltungsprodukt:

$$F(s) = \frac{1}{s-1} \cdot \frac{1}{s+2}$$

$$F_1(s) = \frac{1}{s-1}, \ f_1(t) = e^t \qquad F_2(s) = \frac{1}{s+2}, \ f_2(t) = e^{-2t}$$

$$f(t) = e^t * e^{-2t} = \int_0^t e^u \cdot e^{-2(t-u)} du = \frac{1}{3}(e^t - e^{-2t})$$

Mit Partialbruchzerlegung:

$$F(s) = \frac{1}{3} \cdot \frac{1}{s-1} - \frac{1}{3} \cdot \frac{1}{s+2}$$

$$f(t) = \frac{1}{3}(e^t - e^{-2t})$$

b)

Mit Faltungsprodukt:

$$F(s) = \frac{1}{s^2+4} \cdot \frac{1}{s} = \frac{1}{2} \cdot \frac{2}{s^2+4} \cdot \frac{1}{s}$$

$$F_1(s) = \frac{1}{2} \cdot \frac{2}{s^2+4} \ , \ f_1(t) = \frac{1}{2}\sin(2t) \qquad F_2(s) = \frac{1}{s} \ , \ f_2(t) = 1$$

$$f(t) = \frac{1}{2}\sin(2t) * 1 = \int_0^t \frac{1}{2}\sin(2u) \cdot 1 \ du = \frac{1}{4}(1 - \cos(2t))$$

Mit Partialbruchzerlegung:

$$F(s) = \frac{1}{4} \cdot \frac{1}{s} - \frac{1}{4} \cdot \frac{s}{s^2+4}$$

$$f(t) = \frac{1}{4}(1 - \cos(2t))$$

Anfangswertprobleme

Aufgabe 14.8

a)

$$\mathcal{L}\{y\} = -\frac{6}{s(s-3)} = \frac{2}{s} - \frac{2}{s-3} \qquad y = 2(1 - e^{3t})$$

b)

$$\mathcal{L}\{y\} = \frac{s+1}{s(s+2)} = \frac{1}{2} \cdot \frac{1}{s} + \frac{1}{2} \cdot \frac{1}{s+2} \qquad y = \frac{1}{2}(1 + e^{-2t})$$

c)

$$\mathcal{L}\{y\} = \frac{1}{s+2} \cdot \frac{1}{s-1} \qquad y = \frac{1}{3}(e^t - e^{-2t})$$

d)

$$\mathcal{L}\{y\} = \frac{1}{s-3} \cdot \frac{1}{s+2} \qquad y = \frac{1}{5}(e^{3t} - e^{-2t})$$

e)

$$\mathcal{L}\{y\} = \frac{5}{s+3} - \frac{s}{(s^2+1)(s+3)} \qquad y = \frac{1}{10}\left(53\,e^{-3t} - 3\cos t - \sin t\right)$$

f)

$$\mathcal{L}\{y\} = \frac{1}{2} \cdot \frac{1}{(s-1)(s^2+1)} = \frac{1}{4}\left(\frac{1}{s-1} - \frac{s}{s^2+1} - \frac{1}{s^2+1}\right)$$

$$y = \frac{1}{4}\left(e^t - \cos t - \sin t\right)$$

Aufgabe 14.9

a)

$$\mathcal{L}\{y\} = \frac{1}{s^2+1} \qquad y = \sin t$$

b)

$$\mathcal{L}\{y\} = \frac{s}{\left(s+\frac{1}{2}\right)^2} = \frac{1}{s+\frac{1}{2}} - \frac{1}{2} \cdot \frac{1}{\left(s+\frac{1}{2}\right)^2} \qquad y = e^{-\frac{1}{2}t}\left(1 - \frac{1}{2}t\right)$$

c)

$$\mathcal{L}\{y\} = \frac{3}{(s+4)^2+1} \qquad y = 3e^{-4t}\sin t$$

d)

$$\mathcal{L}\{y\} = \frac{1}{s^2-s+1} = \frac{2}{\sqrt{3}} \cdot \frac{\frac{\sqrt{3}}{2}}{\left(s-\frac{1}{2}\right)^2 + \left(\frac{\sqrt{3}}{2}\right)^2} \qquad y(t) = \frac{2}{\sqrt{3}}e^{\frac{1}{2}t}\sin\left(\frac{\sqrt{3}}{2}t\right)$$

Aufgabe 14.10

a)

$$\mathcal{L}\{y\} = \frac{1}{s^2(s^2+4)} + \frac{s}{s^2+4} + \frac{1}{s^2+4} = \frac{1}{4} \cdot \frac{1}{s^2} + \frac{3}{4} \cdot \frac{1}{s^2+4} + \frac{s}{s^2+4}$$

$$y = \frac{1}{4}t + \frac{3}{8}\sin(2t) + \cos(2t)$$

b)

$$\mathcal{L}\{y\} = \frac{1}{s^2(s+1)^2} = -\frac{2}{s} + \frac{1}{s^2} + \frac{2}{s+1} + \frac{1}{(s+1)^2}$$

$$y = te^{-t} + 2e^{-t} + t - 2$$

c)

$$\mathcal{L}\{y\} = \frac{s^2 - 3s + 3}{(s-2)(s+2)(s-4)} = -\frac{1}{8} \cdot \frac{1}{s-2} + \frac{13}{24} \cdot \frac{1}{s+2} + \frac{7}{12} \cdot \frac{1}{s-4}$$

$$y = -\frac{1}{8}e^{2t} + \frac{13}{24}e^{-2t} + \frac{7}{12}e^{4t}$$

d)

$$\mathcal{L}\{y\} = \frac{1}{2} \cdot \frac{1}{(s-1)(s^2-2s+5)} = \frac{1}{8} \cdot \left(\frac{1}{s-1} - \frac{s-1}{(s-1)^2 + 2^2} \right)$$

$$y = \frac{1}{8}e^t(1 - \cos(2t))$$

e)

$$\mathcal{L}\{y\} = \frac{s^3 + 12s}{(s+2)^2 \, (s^2+4)} = \frac{1}{s+2} - \frac{4}{(s+2)^2} + \frac{2}{s^2+4}$$

$$y = e^{-2t}(1 - 4t) + \sin(2t)$$

f)

$$\mathcal{L}\{y\} = \frac{1}{s-1} + \frac{1}{s-2} + \frac{1}{5}\frac{1}{s^2+1} + \frac{3}{5}\frac{s}{s^2+1}$$

$$y = e^t + e^{2t} + \frac{1}{5}\sin t + \frac{3}{5}\cos t$$

Literaturhinweise

Weiterführende Aufgabensammlungen:

Minorski, V. Aufgabensammlung der höheren Mathematik. 15. Auflage. Fachbuchverlag Leipzig im Carl Hanser Verlag, Leipzig, 2008.

Papula, L. Mathematik für Ingenieure und Naturwissenschaftler. Klausur- und Übungsaufgaben. 2. Auflage. Vieweg Verlag, Wiesbaden, 2007.

Tietze, J. Übungsbuch zur angewandten Wirtschaftsmathematik. 9. Auflage. Springer Spektrum, Wiesbaden, 2014.